Eco-hegemony

環境覇権

欧州発、
激化するパワーゲーム

竹内康雄
TAKEUCHI YASUO

日本経済新聞出版

はじめに――危機が迫る気候・エネルギー大変革

「電光石火で再生可能エネルギーに移行しよう」。2022年3月8日、ロシアが突如、ウクライナに軍事侵攻してから2週間ほどたったころだった。欧州連合（EU）の欧州委員会がロシア産エネルギーへの依存脱却に向けた政策案を公表した際、ティメルマンス上級副委員長（気候変動対策担当）は、身ぶり手ぶりを交えて訴えていた。

私はこの記者会見を「以前にも同じようなことがあったな」と思いながら聞いていた。思い起こせば、約2年前の20年5月、欧州委が新型コロナウイルス禍に見舞われたEUの経済復興策を提案したときだった。フォンデアライエン欧州委員長は欧州議会の演説でこう語っていた。「グリーンで、デジタルで、柔軟性のある（レジリエントな）未来に向けて早送りする必要がある」。

筆者は19年4月にブリュッセルに赴任し、同年12月に発足したEUの新体制を追うことになった。ミシェル大統領やフォンデアライエン氏が掲げた最優先の課題が環境問題への対応だ。長年、気候変動問題を追い続けてきた私は、これ以上ないタイミングでEU担当記者になったと喜んだ。これまで計10回にわたって取材した国連気候変動枠組み条約締約国会議（COP）など気候変動の国際交渉でのEUの存在感は際立っていたからだ。

ところが、日本や欧州を含む国際社会は20年以降、後世の教科書に載るのが間違いない2回の大きな危機を経験した。新型コロナの感染拡大と、ロシアによるウクライナ侵攻だ。国家が取り組むべき政策の優先順位を変えるのに十分な重大事で、いずれも起きた際には「気候変動対策の優先度は下がる」と言われたものだった。

だが実際は違った。冒頭に書いたように、EUは新型コロナでは環境分野への投資を積み増すことによって景気を回復させる「グリーン・リカバリー」に世界に先駆けて取り組んだ。ウクライナ侵攻に端を発したエネルギー危機では、脱ロシア産エネルギーをめざし、再生エネの拡大や省エネの徹底に一段とギアを入れた。

「危機をチャンスに」。EUの本気を見た気がした。その政策は急進的にも映る。各国から「保護主義的だ」と批判を浴びながら、環境規制の緩い国からの輸入品に事実上の関税をかける国境炭素調整措置（CBAM、国境炭素税）の導入で合意した。自動車大国ドイツを抱えながら、35年以降はCO_2排出が実質ない自動車のみの販売を認める方針も決めた。

政策の細部には懐疑的な見方を持ちつつも、EUの素早い動きに日米や中国、インドもEUに負けるまいと、こぞってグリーン転換を推し進めている。第一の目的は、温暖化を防止して地球環境を守ることだが、それだけではない。「自国産」のエネルギーである再生エネを増やし、エネルギー安全保障を高めるのも重要な狙いだ。英オックスフォード・エコノミクスと英アラップによると、50年までに地球の温暖化ガスの排出を実質ゼロにすれば、グリーン産業は世界の国内総生産（GDP）の5・2％に相当する10・3兆ドルをもたらす。巨大なビジネスチャンスを我が物にしようとする野心もある。

本書は、筆者がブリュッセル駐在の記者として4年にわたって取材した内容を中心に、パリ駐在時代や東京での経験をもとに執筆した。それゆえ、紙幅の多くでEUを扱っているが、それはEUの政策が幅広い環境問題のほとんどを網羅しているからでもある。それらはEUに限らず、日本など他の国々も取り組まなければならない課題でもある。EUは多くの環境政策で他国に先んじることが多く、日本などの官民にとっては自らが政策や経営戦略を決める上で先例になる。EUの先行者利益は大きいが、後発組にも先例の課題をあらかじめ把握した上で、制度や経営方針を決められる利点もある。

近年、環境対応は、主要7カ国（G7）や20カ国・地域（G20）など世界の指導者が集まる場や、企業の経営会議で話題にならないことはない。もはや単なる環境問題にとどまらず、より幅広いトピックに入り込んでいる。環境分野の国際的なルールづくりは各国の利害がぶつかり合う国際政治であり、環境対策を進めながら成長や雇用拡大を追求する経済政策でもある。地球環境の悪化は難民を増やし、社会を不安定にさせかねない安全保障問題という一面も持つ。本書は気候変動への取り組みを切り口に各国のパワーゲームのダイナミズムをも描いている。他の軍事・防衛や経済分野とも共通する点は少なくない。今や各国が争う「環境覇権」では、政治、経済、安保などすべての分野が結びつく。

筆者はEUの取り組みを全面的に礼賛しているわけではない。甘い見立てによる見切り発車で政策の軌道修正を迫られたこともある。自らに有利になるように強引なルールメーキングをもくろみ、各国から反発を招くことも少なくない。だがEUのしたたかな戦略は日本にとって見習うべき点はある。筆者の印象として、日本の官民の関係は米国よりも、EUに近いからだ。デジタル分野で巨大IT（情報技術）企業を生み出した民主導の米国とは異なり、日本もEUも比較的官の力が大きい。日本は技術などに強みはあるものの、政策の決定・実施という点ではEUよりも遅れが目立つ。政策の遅れに引っ張られ、環境対応の観点からは、企業の動きも欧州に劣後しているように見える。

気候変動をはじめとする環境問題は、人類が長期にわたって取り組む課題だ。今後も世界の政治・経済の中心的な話題であり続けることに異論がある人は少ないだろう。この問題に関心を持つ消費者や学生、ビジネスの今後を考える幅広い業界のビジネスパーソンにとって、本書がこれからの一歩を考えるヒントになれば幸いである。

なお、原則として本文中の敬称は略した。また、肩書きや金額の為替換算は取材・執筆時、あるいは原資料にしたがっていることをお断りしておく。

2023年3月

竹内康雄

環境覇権　目次

第2章 「環境」、欧州政治の中心に 53

第3章

EU、第三国に対策迫る「環境」を錦の御旗に 89

第5章 激変、世界のエネルギーミックス 153

第6章

カーボンプライシング、EUの根幹 世界の潮流に 187

第8章

マネーの流れを変える100兆ドル争奪戦

第9章

ライフスタイルの変革じわり
多消費型から循環型へ

終章 世界と日本の針路 319

第1章

「環境」で世界を変える

2019年12月に就任した欧州連合（EU）のフォンデアライエン欧州委員長は、最も優先する政策として「欧州グリーンディール」を掲げた。これを単なる環境政策と捉えるのは誤りだ。もちろん差し迫った気候変動の危機には、正面から対処するしかない。同時に、環境問題に徹底的に取り組むことで社会や経済を一からつくりなおそうという狙いが込められている。EUは環境問題を軸に、農業や金融、交通などすべての分野を抜本的に改革し、持続可能な世界を打ち立てようともくろむ。新たな規制や投資、技術開発をテコにビジネス機会を生み出し、経済を成長させる。

欧州グリーンディールは環境や経済の枠には収まらない。安全保障の問題でもある。地球温暖化が進んで異常気象が増えれば、家や財産を失った難民・移民が生まれ、社会や経済が不安定になる。再生可能エネルギーの拡大やリチウムなど希少金属（レアメタル）の再利用は、他国の資源への依存を減らし、エネルギー安保の改善につながる。

世界はその事実に気づきつつある。EUの後を追うように温暖化ガスの排出を実質ゼロにする目標を相次ぎ掲げ、再生エネの普及や水素の技術開発に力を入れ始めた。そして新型コロナウイルスの感染拡大とロシアのウクライナ侵攻という未曾有の危機は、グリーンディールを後押しする要因になった。

第1章では、EUが推し進める欧州グリーンディールを概観し、どんな展望を描いているのかに加え、EUの動きが世界にどう影響しているのかもあわせて見ていきたい。

1　農業も金融も交通も　すべてグリーンディール

世代を超えての長期ビジョン

「目標を達成するには一世代以上かかるでしょう」。EUのフォンデアライエン欧州委員長は19年12月11日、EUの環境関連の総合対策「欧州グリーンディール」を発表した際、欧州議員らに向かってこう語りかけた。欧州グリーンディールは、ドイツの国防相だったフォンデアライエン氏が同年7月に欧州委員長に指名された際、重要政策を示す政治プログラムの1丁目一番地に据えた計画だ[1]。自らの任期を超えて、EUが繁栄し、世界で存在感を高めるための長期戦略と言える。フォンデアライエン氏の言葉はこう続いた。「非常に長く、時にでこぼこした道になるのは間違いない。しかしそのペースを決めるのは私たちだ」。委員長の任期中にその道筋をつけるという決意表明だった。

グリーンディールは単なる環境政策ではなく、社会全体を組み替える一大事業だ。風力や太陽光による発電を増やすのは重要だが、それだけではない。運輸や農業、鉄鋼、情報通信、繊維、化学、金融などあらゆる部門を温暖化ガスの排出が少なく、持続可能な形に変革する。自動車や飛行機、船から出る二酸化炭素（CO_2）を減らさなければならないし、家畜のゲップや排せつ物から出るメタンも無視できない。鉄鋼や化学は我々の生活に欠かせないが、今の一般的な技術ではCO_2排出量の多い石炭や石油を使わなければならない。

海に大量にプラスチックなどのごみが捨てられているのも見逃せない。それを魚が食べ、さらに人間が食べれば、健康にも生態系にも悪影響が出る。南米アマゾンの森林の違法伐採や火災で多くの樹木や生物資源が失われている。数回着ては捨てるようなファストファッションへの嗜好と決別し、モノを長く使ったり再利用したりする社会になる必要がある。幅広い対策を進めるには膨大な資金が必要で、金融分野の改革も避けられない。

19年12月1日に就任したフォンデアライエン氏は、閣僚に当たる欧州委員に宛てた指示書で、ほぼ全員にそれぞれの担当分野で欧州グリーンディールに沿った改革を進めるよう求めた。欧州グリーンディールは①50年までに温暖化ガスの排出を実質ゼロにする②経済成長を資源消費から切り離す③誰も、どの地域も取り残さない——という3つの柱からなる。フォンデアライエン氏は「欧州を世界初のクライメート・ニュートラル（気候中立）の大陸にする」と高らかに宣言した。クライメート・ニュートラルは温暖化ガスの排出を実質ゼロにすることを意味する。カーボン・ニュートラル（炭素中立）という言葉もほぼ同義として使われる。

言うのはたやすく、実現は並大抵なことではない。欧州は産業革命が世界で初めて起こった地域で、18世紀半ばから大量の温暖化ガスを排出し続けてきた。一般的に経済活動をすれば、CO_2などの温暖化ガスが出る。排出を減らすのではなく、ゼロにするにはどうすればよいのか。国連環境計画（UNEP）のアンダーセン事務局長は22年10月にこう語っている。「システム全体の変革が必要だ」。

大げさではなく、社会の構造を抜本的に変えねばならない。産業や金融などのシステムの根本的な再設計だけではない。わたしたち個人の日常生活も変える必要がある。マイカーではなく、電車などの公共交通機関や自転車に乗り、暖房の設定温度を下げ、ゴミの分別を徹底する。大きなことから小さなことまで、政府から企業、個人まで社会のすべての構成員が地球を守るための行動をとるようになる。そんな社会の実現には時間がかかるだろう。だがEUはできるだけ早く実現するための基礎を、今から整備しようと走り出した。

フォンデアライエン欧州委員長㊧がミシェル大統領とともにEUの環境政策を引っ張る

就任から100日

自身の言葉を裏付けるように、フォンデアライエン氏は矢継ぎ早に政策を打ち出した。フォンデアライエン氏は就任から100日を区切りに欧州グリーンディールの具体像を示すことをめざした。発足からわずか10日あまりで50年に域内の温暖化ガスを実質ゼロにする目標を柱とする全体像を発表した[2]。欧州グリーンディールが、気候変動だけでなく、生物多様性や、リサイクルなどを推進する循環経済（サーキュラーエコノミー）、食糧問題、大気汚染といった幅広い環境問題を網羅し、その一つ一つで具体的な政策を打ち出すという大きな青写真を示したのだ。

その実現には資金が要る。そこで具体策の第1弾として、20年1月には欧州グリーンディールを動かすための投資計画をまとめた[3]。30年までに1兆ユーロを投資するのが柱で、その実現のためにEU予算では気候変動・環境政策の割合を高めることを約束し、民間マネーがこの分野に入り込みやすいような制度改正を進める方針を示した。

同時に気候変動対策が急激に進むことに不安を感じる人や企業向けに「公正な移行基金」を設けるよう提案した[4]。脱石炭や自動車の電化で職を失う可能性のある人に職業訓練をしたり、主力産業を失う地域が新たな産業を育成するのを支援したりする。脆弱な人々や地域に寄り添う姿勢を示し、欧州グリーンディールで取り残される人が出ないよう不安感を和らげる。

20年3月には欧州気候法案を公表した[5]。50年に排出を実質ゼロにする目標を法律にし、目標達成に向けた進捗状況を管理する。大きな目標を法律に明記することで、関連するルールや法律の改正も根拠を持つことになるとともに、EUの幹部がその実現に義務を負うことになる。いわば退路を断つことにつながり、フォンデアライエン氏は当時の記者会見で「(法案は)企業や投資家に透明性を与え、グリーンな成長戦略の方向性を示すものだ」と力説した。

欧州気候法案の発表と同時に、30年の目標を見直す方針も示した。当時の水準は1990年比で少なくとも40%減らす内容で、50年の新しい目標に合わせて引き上げる。これに伴って、実現のための政策を大幅に見直すことも予告した。具体的にはEUの排出量取引制度(EU−ETS)や省エネや再生エネに関する法律、自動車のCO_2排出基準などだ。

制度改正には、産業界の負担増や競争力の低下につながるといった慎重な意見や反発する声もあったが、政策は一段と強化されている。きっかけは2つあった。新型コロナウイルスの感染拡大とロシアのウクライナ侵攻に端を発するエネルギー危機だ。EUは新型コロナを機に大型の復興基金をつくり、そのうち少なくとも3割を環境分野にあててグリーン移行を加速させる姿勢を示した。エネルギー危機ではロシア産化石燃料への依存から脱却するために、再生エネや水素などのアクセルをさらに踏み込んだ。

その意志は人事に表れた。オランダの外相を務め、前の２０１４～19年の欧州委員会でも筆頭副委員長を務めたティメルマンス氏を欧州グリーンディール担当の上級副委員長に据えたのだ。ティメルマンス氏は欧州議会では欧州社会・進歩連盟（S&D）という左派系会派に属する。実はフォンデアライエン氏が欧州委員長に選ばれる際に、ティメルマンス氏の名前も挙がっていた。同氏が掲げる政策は左派色が濃いことから、警戒感が強かったため、委員長就任は実現しなかったが、厳しい環境対策を進める上ではうってつけの人材だ。かつては法の支配担当として、ハンガリーやポーランドなど中・東欧諸国を厳しく批判することをいとわない姿勢は有名だった。フォンデアライエン氏はティメルマンス氏に環境やエネルギー政策を取り仕切る役割を与え、その突破力に期待を込めた。

欧州グリーンディールの全体像

欧州グリーンディールは非常に幅広い分野を網羅するが、いくつかのカギとなる数値を押さえると、全体像を理解するのに役立つ。まずは50年に域内の温暖化ガスの排出を実質ゼロにし、世界初のクライメート・ニュートラルの大陸になることだ。その中間点として30

年に90年比で55％減らす目標も掲げる。生物多様性を守り、森林を保護するために30年までに30億本の植林をすることも強調されている。環境対策を速いペースで進めれば、急激な構造転換で職を失う人も出る。置き去りにされる人が出ないように「公正な移行」を支援するために最大900億ユーロを投じる[6]。

詳細に入る前に、新聞などでよく使われる「実質ゼロ」を理解しておこう。英語では「Net Zero」で正味ゼロとも訳される。実質ゼロは排出が本当になくなることを意味するわけではない。少ないながらも、化石燃料を使わざるを得ない分野が残るため一定の排出は続く。例えば航空や鉄鋼産業は50年に化石燃料から完全に脱却するのは難しいと言われる。排出分を吸収して、差し引きゼロにしようというのが「実質ゼロ」の考え方だ。

パリ協定には今世紀後半に「排出量と吸収量をバランスさせる」と書かれている。植林することで樹木に大気中のCO_2を吸い取ってもらうやり方から、空気中のCO_2を集める直接空気回収（DAC）など最先端の技術を活用する手法もある。石炭火力発電所などから出るCO_2を回収し、地中に埋めることでCO_2を大気中に放出させない技術は確立されつつある。さらに最近は「カーボン・ネガティブ」という言葉も登場している。排出を実質ゼロにするのではなく、排出を実質マイナスにする考え方だ。例えば、米マイクロソフトは30年までにカーボン・ネガティブになると宣言している。

欧州グリーンディールを見てみると、まず大きな柱は温暖化ガスの排出削減を中心とする気候変動対策だ。EUの30年までの55%目標に基づいて名付けられた「Fit For 55」に具体策はまとめられている。既存の排出量取引制度の拡大や、エンジン車の新車販売を大幅に絞り込む自動車のCO_2規制、再生可能エネルギーや省エネ関連の法改正が含まれる。ほかにも、環境規制の緩い国からの輸入品に事実上の関税をかける国境炭素調整措置(CBAM、国境炭素税)や建物のエネルギー性能の改善、脆弱な家庭を支援する社会気候基金の設立などもある。50年に域内の温暖化ガスの排出を実質ゼロにする目標は欧州気候法に明記した上で、加盟国は30年目標に取り組む。

生物多様性の保護にも重きを置く。陸と海の保護地域を拡大するほか、農薬の使用を減らして、劣化した生態系を回復させる。食料システムでは農薬の利用を減らし、有機栽培を促進しながら持続可能な農業を確立するほか、再利用やリサイクルを通じてサーキュラーエコノミー(循環経済)を推進する。何が持続可能な事業・商品かを示すタクソノミーや環境債(グリーンボンド)のルールづくりで、民間マネーが入り込みやすくする。古い建物が多い欧州の特徴を踏まえて、ビルの省エネ改修を幅広く進めるのに加え、環境や健康を守るために化学物質の利用により厳しい制限を敷く。

足元ではロシアのウクライナ侵攻が始まり、ロシア産エネルギーからの依存解消をめざ

図表 1-1　欧州グリーンディールは幅広い分野を網羅

す「リパワーＥＵ」が欧州グリーンディールの一角に加わった。エネルギー調達先を多様化する一方で、エネルギー利用の節約を促す。再生可能エネルギーの普及を一段と加速するなどして、27年までの脱ロシア産エネルギーをめざす。

フォンデアライエン氏とともに、ＥＵを引っ張るミシェル大統領は20年7月にこう言った。「クライメート・ニュートラルはもはや選択の問題ではなく、疑いなく必要なのだ」。ミシェル氏はＥＵ加盟国をまとめる立場にあり、ＥＵ全体で欧州グリーンディールを推し進めている。

2　グリーンディールが世界に波及

ＥＵに引っ張られる世界

「我々の野心的な目標は、他の大陸のモデルになるだろう」。ＥＵのその言葉通り、欧州グリーンディールは世界を動かした。

熱波や干ばつ、洪水など異常気象が目に見えて増えたのもあるが、ＥＵの姿勢が各国に影響を与えた面は小さくない。排出量取引制度など、ＥＵの導入がきっかけとなって世界に広がった事例は少なくないが、排出の実質ゼロ目標もまた同様だ。

例えば、50年の目標を見てみよう。07年にドイツのハイリゲンダムで開かれた主要８カ国首脳会議（Ｇ８サミット、当時はロシアも含まれていた）では世界全体の温暖化ガスの排出量を少なくとも半減することを「真剣に検討する」ことで合意した。さらに09年のＧ８サミット（イタリア・ラクイラ）では、世界の温暖化ガスを50年までに半減するために、先進国は80％削減する目標が打ち出された。いずれもＥＵの加盟国が議長国として議論を主導した。さらに地球温暖化防止の国際枠組み「パリ協定」が15年に採択されたのを機に、時流を読んだ欧州は機敏に動いた。パリ協定に合致する形で、50年の排出量を実質ゼロにする目標をいち早く取り入れたのだ。

日本は20年10月に当時の菅義偉首相が50年の実質ゼロを宣言、米国でもバイデン大統領が21年１月の大統領就任と同時に、トランプ前大統領が離脱していたパリ協定に復帰し、選挙の公約に掲げていた50年の実質ゼロ目標を推進する考えを表明した。オーストラリアやカナダといった他の先進国も追随した。

新興国もＥＵが起こした波に乗った。20年９月には中国の習近平国家主席は60年までに

CO_2の排出量を実質ゼロにすると発表した。21年10～11月に英グラスゴーで開かれた第26回国連気候変動枠組み条約締約国会議（COP26）では、インドのモディ首相が70年までに温暖化ガスの排出量を実質ゼロにする方針を表明した。

気候変動枠組み条約のもとでは、中印は「途上国」として扱われる。国連の気候変動交渉では「共通だが差異ある責任」という表現がよく使われるが、歴史的に多く排出してきた先進国がより重い責任を負い、途上国は先進国の支援を受けながら温暖化対策を進めるという考え方だ。先進国が率先して取り組むべきとの思いから、中印は50年よりも目標年を遅くに設定した。それでも中印が具体的な期限を区切って目標を示したのは大きな前進と受け止められている。今では達成時期に差はあるが、140近くの国が排出ゼロになろうと計画している。自治体レベルでは700を超えるという。

フォンデアライエン欧州委員長は20年9月、30年に域内の温暖化ガスの排出量を1990年比で少なくとも55％削減すると提案した。従来は40％減で、大幅に引き上げた形だ。EU各国と欧州議会は欧州委の提案を承認し、55％目標は法律に明記された。50年の目標は遠すぎて、技術進展などを織り込みにくい。それゆえ、中間点となる目標が必要でEUはその点でも先陣を切った。米国は05年比50～52％減を、日本は13年度比46％減の目標をそれぞれ打ち出した。

先進国の30年と50年の目標の土台になっているのが気候変動に関する政府間パネル（IPCC）の分析だ。パリ協定は産業革命前からの気温上昇を2度未満、できれば1・5度以内に抑えることを求めている。気温上昇幅が大きければ大きいほど、異常気象が頻発するなど悪影響が増すことから、COP26では1・5度目標を重視することで合意した。IPCCによると、この1・5度目標を守るには、今世紀中ごろには地球の温暖化ガスの排出を実質ゼロにする必要がある。そして1・5度目標の達成には、30年時点に10年比45％を減らすのが実現への道だ。IPCCは23年3月、35年に19年比60％減らす必要があるなどとする新たな報告書を公表した。

苦い思い出

実はEUには苦い思い出がある。15年12月に採択されたパリ協定はわずか1年足らずの16年11月に発効した。このスピード発効に道筋をつけたのは、EUではなく米中だった。米国のオバマ大統領と、中国の習近平国家主席が手を握り、9月3日に同時に批准した。この動きを見たEUは焦った。当時、EUは批准時期を17年と見定めていたからだ。パリ協定の発効は55カ国以上が批准し、世界の温暖化ガス排出量の55％に達するのが条件だ。世界の2大排出国である米中が批准したことで発効がぐっと近づき、他の国の動向次第で

ＥＵがパリ協定発効時に批准していない可能性が出てきた。世界の環境対策をけん引してきたという自負があるＥＵにとって、パリ協定への乗り遅れは何としても避けたい事態だった。

ＥＵは異例の手続きに出る。16年9月下旬に開いた臨時の環境相理事会で、加盟国内の手続きを後回しにしてＥＵが先に一括批准する手法をとったのだ。通常、ＥＵとして国際条約を批准する場合は加盟国の手続きを待つ。だが全加盟国の対応を待っていては間に合わない。まずＥＵが批准し、国内手続きを済ませた加盟国分から発効条件に加算されていくようにした。パリ協定を採択したＣＯＰ21で、議長国フランスの事務方トップである気候変動交渉担当大使を務めたローランス・トゥビアナ氏は日本経済新聞の取材に「批准の1番手グループに入れないのは嘆かわしいから急いだのだ」と解説した。

「ＥＵが協定発効の引き金を引くことになる」。理事会後の記者会見でアリアスカニェテ欧州委員（気候変動担当）は胸を張った。結果的にＥＵの批准が発効要件を満たす決め手となり面目を保ったが、心中は穏やかでなかったはずだ。批准を先導できなかったことはＥＵの教訓となっている。

さらに後れを取ったのが日本だった。パリ協定はＥＵの決定から1カ月あまり後の16年11月4日に発効した。確かに国際条約が採択から1年足らずで発効にこぎ着けるのは異例と言える。実際、パリ協定の前身といえる京都議定書は97年に採択されたが、発効したのは05年だ。環境非政府組織（ＮＧＯ）にとってですら、採択から1年もたたずに発効したのは予想外だった。

ＥＵやインドは米中に続き、早期批准に動いた。しかし日本は米中がつくりだした国際的な流れを見誤ったのに加え、乗り遅れたと分かってからも動きは鈍かった。日本の国会の承認は発効から４日後の11月８日。すでにモロッコのマラケシュでＣＯＰ22が開幕していた。京都議定書の合意に貢献した日本は、世界を省エネ技術で引っ張り、「50年に世界の排出量を半減する」というハイリゲンダムサミットの目標も、当時の安倍晋三首相がドイツなど欧州各国と協力して打ち出した。だがＣＯＰ22では厳しい視線が日本に注がれ、かつての「遺産」は消えたように見えた。

グリーンディールは成長戦略

「欧州グリーンディールは、ＥＵの新たな成長戦略だ」。フォンデアアライエン氏は繰り返し強調してきた。これは前述した3つの柱のうち、２番目の「経済成長を資源消費から切り離す」に強くかかわる。

地球温暖化対策は長らく経済成長をする上で、制約やコストと考えられてきた。環境を保護するために、CO_2排出の多い鉄鋼やセメントの生産を抑えたり、環境基準を守るために大きな投資を迫られたり、といった具合だ。しかし、時代とともに意識は変わり、「グリーン成長」の考え方が主流になりつつある。再生エネなどの導入を拡大しながら、地球環境を守るとともに、成長を追求する。そのためには持続的な成長を進め、新たな経済機会を生み出す投資と技術革新を促進しなければならない。逆にいえば温暖化対策は新たなビジネスや技術が生まれるチャンスでもある。

気候変動問題で「デカップリング」は重要な言葉だ。これは経済成長と温暖化ガスの排出増の関係性が薄れたり、なくなったりすることを意味する。従来は経済活動が活発になって国内総生産（GDP）が増えれば、エネルギー使用量が増え、排出が増えるのが常識だった。だが排出のない再生エネを多く使ったり、石炭の代わりに水素を用いたりすれば、経済成長と排出増の相関性は薄れる。

EUでは、1990年から2018年の間に温暖化ガスの排出が23%減った一方で、経済は61%成長した。デカップリングはすでに進んでいるが、これを一段と加速させるのが欧州グリーンディールだ。この実現に向けて、あらゆる経済活動や日常生活の脱炭素化を推進する。例えば太陽光や風力といった再生エネからつくる電力は排出がない。自動車もガソリンの代わりに、再生エネでつくった電力を使う電気自動車（EV）ならば、排出はゼロになる。携帯電話やプリンターのインクカートリッジなどで材料や製品のリサイクルやリユースを徹底すれば、資源の利用を最小限に抑えられる。

これまでのやり方を抜本的に変え、新たに持続可能な手段を確立するための投資をして社会全体を変革するのが欧州グリーンディールの考え方だ。つまりCO_2が多く排出されていたり、無駄な廃棄物が大量に出ていたりするなど、持続可能でない経済活動や過程を、新しい技術で代替して持続可能な社会をつくろうとしているのだ。

フォンデアライエン欧州委員会の発足以降、この流れは一段と強まっている。新型コロナウイルスの感染拡大で大きな打撃を受けた経済を立て直すために、EUは復興基金を設立した。その規模8000億ユーロの3割を環境対策にあてる。加盟国はすでに基金からの資金をもとに再生エネや水素、海洋汚染防止、鉄道計画などを動かしている。さらにロシアのウクライナ侵攻で脱化石燃料に向けた投資は一段と活発になった。ロシア産エネルギーへの依存脱却を急いでいるからだ。

排出ゼロの宣言に加え、コロナ禍など予期せぬ世界的な危機もあって、このグリーン成長戦略は今や世界中に広がった。日本は21年にまとめたグリーン成長戦略で、成長が期待される14分野を選び、電力部門の脱炭素化や蓄電や水素の技術開発を推進する方針を示した。グリーン成長戦略と名付けるかどうかにかかわらず、米国や英国はもちろん、中国やインドなどもEVの普及や建築物の省エネなどに一段と力を入れている。

3　大国依存からの脱却

EUの戦略的自立

19年12月のEUの新体制発足後、とりわけ新型コロナウイルスの感染拡大を機に、EU内で頻繁に耳にするようになった言葉がある。「戦略的自立」（Strategic Autonomy）だ。国際協調を重視しながらも、重要分野で他国に過度に依存しない考え方だ。もともとこの言葉は、防衛の分野に限って使われた用語で、もっぱら欧州の防衛を米国に頼るという軍事的依存をどう解消するかという文脈で用いられた。とりわけ「米国第一」を掲げるトランプ米政権が欧州の防衛を軽視するような言動を繰り返したことで、米国主導の米欧の軍事同盟、北大西洋条約機構（NATO）に頼らず、EU独自の軍隊を持つといった構想が浮上した。

そして新型コロナ禍をきっかけに戦略的自立の重要性は、防衛だけでなく、経済や医薬、技術など幅広い分野で認識されるようになった。供給網（サプライチェーン）が寸断され、医療品や電気自動車（EV）の部品、半導体などのEUへの供給が一時途絶したからだ。戦略的に重要な製品や材料を他国に依存するリスクは高いとの危機感が強まった[7]。コロナ禍やロシアのウクライナ侵攻で、重要製品を輸出制限するなどして依存度の高さを利用し、他国に圧力や脅しをかけることができることをEUは身をもって経験した。

ウクライナ侵攻を機に世界の分断は進み、大きく3つの陣営に分かれた。1つは日米欧などロシアに制裁を科す西側陣営だ。そしてロシアと、北朝鮮やシリアなどロシアを支持する一部の国々。さらにインドやアフリカなど制裁には加わらず中立を保つ陣営だ。中国は2番目と3番目のどちらに分類するかは難しく、侵攻当初はロシアに近い立場をとっていたように見えたが、長期化につれて一定の距離をとりつつある。ロシアが天然ガスの輸出を絞り込んで、EUに揺さぶりをかけたように、いつか別の国との関係が決定的に悪化すれば、同様の事態に陥るかもしれない。

欧州の世界経済に占める比率は、中国やインドなど新興国の発展に伴って低下している。しかも、加盟27カ国が少しずつ主権を移譲した連合体であるEUは軍事力に乏しい。そんな状況で世界のグローバルプレーヤーになるには、他国の情勢に左右されない強い経済圏をつくり、その影響力を世界に行使して存在感を増すしかない。多国間主義に基づく貿易網の拡大で世界はお互いの依存度を高めてきた。その傾向を逆回転させるのは簡単ではないが、米国や中国といった大国と対等に渡り合えるようになるには、戦略的な自立が必要と判断した。

そして戦略的自立は環境・エネルギー分野とも密接に関係する。ＥＵの欧州委員会は21年５月に公表した新産業戦略の更新版[8]で、環境とデジタル政策の深化という２本柱を前面に出しつつ、域内産業の育成を支援する方針に大きくカジを切った。重要な材料や部品の輸入が止まれば、温暖化ガスの削減につながるＥＶや再生エネの普及が止まるからだ。戦略的に重要な分野では官民の連携を後押ししながら、ＥＵでは原則として禁止されている国家補助を例外的に認める対応を打ち出した。

太陽光パネルに中国依存リスク

具体的に見てみよう。ロシアのウクライナ侵攻で、欧州を含む西側諸国とロシアとの関係は決定的に悪化したが、ロシアに近い中国への警戒感も高まった。そんななか22年７月に公表されたのは国際エネルギー機関（ＩＥＡ）の太陽光パネルの供給網に関する報告書だ[9]。太陽光発電は排出ゼロをめざす上で欠かせない手段だが、その供給にリスクがあることが浮き彫りになったのだ。

報告書によると、太陽光パネルの主要製造段階での中国のシェアは８割を超えている。

主要素材のポリシリコンやウエハーは25年までに中国のシェアは95％になるという。ＩＥＡは「供給網が地理的に集中しているのは各国政府が対処すべき潜在的な課題だ」と警鐘を鳴らした。大規模工場で火災や自然災害が発生すれば、世界への供給が滞るほか、価格の上昇につながる可能性がある。

太陽光パネルの生産の中心はこの10年で日米欧から中国に移った。日本は２０００年代半ばには世界の半分のシェアを握っていた。中国は11年以降、欧州の10倍以上に当たる５００億ドルを投資して、30万人の雇用を創出したという。コモディティー化が進んだという面はあるが、中国は国を挙げて太陽光王国になろうと決めたのだ。

今後、中国と西側諸国の対立が深まれば、中国が輸出を止めるシナリオも否定できない。特に21年に中国はポリシリコンの世界の生産能力の79％を占め、その42％は新疆ウイグル自治区にある。米欧などは同自治区の強制労働など人権問題を巡って中国側に制裁を科すなど激しく対立している。ロシア産エネルギーへの脱却をめざすＥＵは化石燃料の調達先を多様化するとともに、再生エネを最大限導入する考えだが、中国依存という壁が立ちはだかる。

太陽光発電は温暖化ガスの排出がなく、世界が排出ゼロに歩むなかで風力と並んで主力電源に位置づけられる。普及が進み、太陽光の発電コストが主要電源で最も安い地域は増えている。天候に発電量は左右されるものの、パネルの設置を増やせば、その分輸入エネルギーへの依存を減らすことができるのも利点だ。

世界の分断が進み、供給途絶リスクが意識されるいま、手を打つ必要がある。一つは自国内で生産できる体制を整えることだ。例えば、IEAはスウェーデンについて「競争力のある形で製品をつくれるよう、低価格の産業用電力を提供できる唯一の国」と指摘する。同国の主力電源は水力と原子力で、化石燃料の比率はわずかだ。近年は風力も伸びており、電力料金を低く抑えている。

それでも希土類（レアアース）、半導体など戦略的な製品・素材は幅広い。1つの国だけですべてをまかなうのは難しいのが実態だ。そこで浮上しているのが「フレンドショアリング」というアイデアだ。民主主義など価値観を共有する国家間で供給網を確立する考え方で、供給網の分断を防ぎやすくなると期待されている。

米国のイエレン財務長官が広めた考え方だが、米国や欧州は日本など価値観を共有する国との共有網の整備に乗り出した。EUはインドの太陽光パネルの生産拡大を後押しすべく、域外でのインフラ整備に関する基金を活用する。インドや東南アジアなど西側に近いのか中ロに近いのか明確にしない国々を自らの陣営に取り込む狙いもある。

太陽光パネルにせよ、バッテリーにせよ、コスト競争力に優れた中国から代替しようと

図表 1-2　太陽光パネル生産で中国のシェアは圧倒的（2021 年）

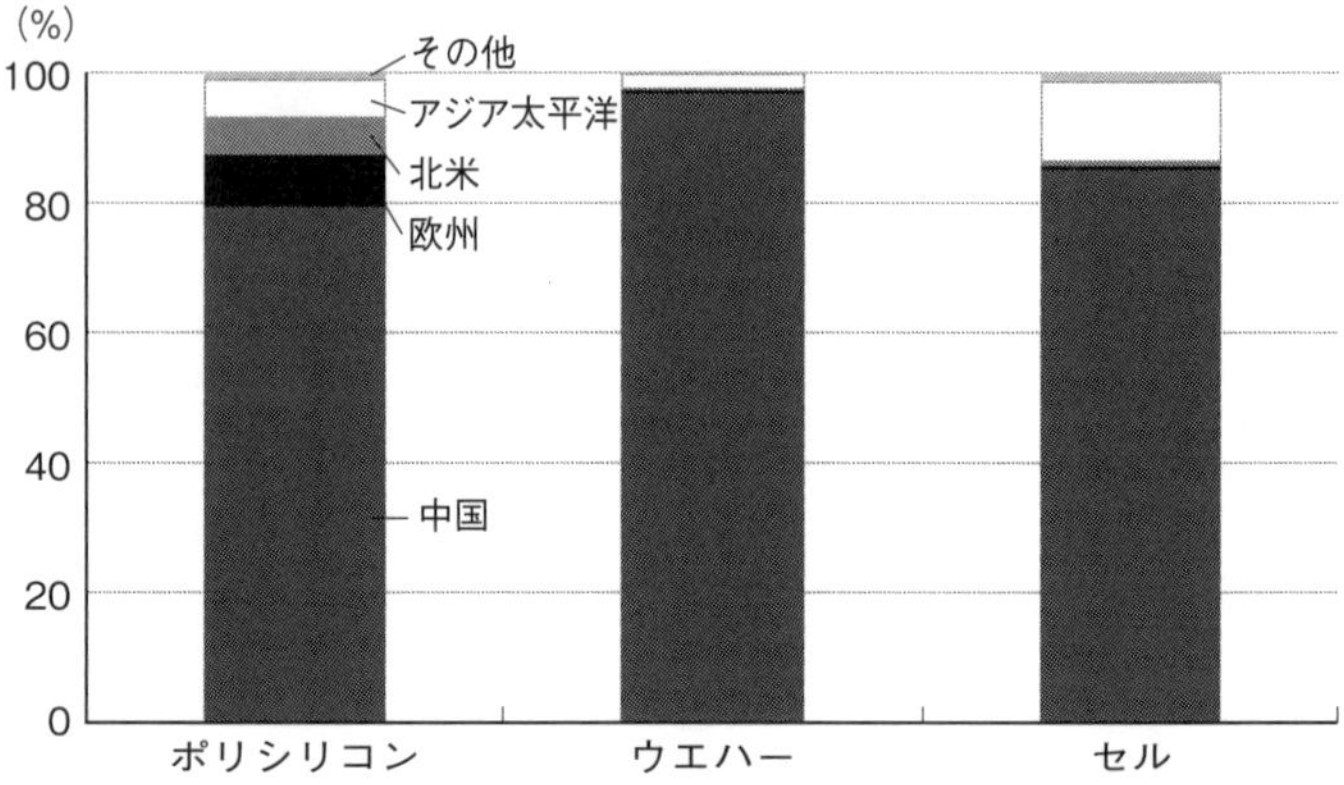

出所）IEA

すれば、価格が上昇する可能性は高い。だがロシアのウクライナ侵攻は、経済性だけの判断が思いも寄らぬ結果を招くとの教訓を突きつけている。コロナ禍とウクライナ侵攻は、一定のコストを払ってでも自立する重要性を示した。

気候変動対策は安全保障政策

21年10～11月に英グラスゴーで開かれたCOP26。ブリュッセル駐在記者ならば誰でも知っているが、気候変動の国際会議には似つかわしくない人物が演説していた。北大西洋条約機構（NATO）のストルテンベルグ事務総長だ。NATOは米欧の軍事同盟で、気候変動とは深いつながりがないように思える。だがストルテンベルグ氏はこう訴えた。「気候変動は危機の拡大要因だ」

気候変動が一段と進めば、海面上昇を引き起こし、森林火災や洪水が頻発し、砂漠化が進行する。異常気象は社会を混乱させかねず、政情不安などを通じて国民の生命に危害を及ぼしかねない。もともとの気候が変化すれば、軍事作戦にも影響が出かねず、訓練内容を見直さなければならない。軍への災害救助の要請も増えるだろう。22年6月、NATOは今後10年の指針となる新たな「戦略概念」を採択し、気候変動を「現代の典型的な課題であり、同盟国の安全保障に重大な影響を与える」と明記した[10]。

気候変動と安保分野で、最もわかりやすい事例が「気候難民」だろう。洪水で家屋を失ったり、干ばつで食料を得る見込みがたたなくなったりするなど、異常気象で住居を追われる人々のことだ。国連難民高等弁務官事務所（UNHCR）によると、2000万人以上が異常気象によって強制的に避難するのを余儀なくされている[11]。豪シンクタンク経済平和研究所（IEP）の予測では、50年までに12億人規模が気候変動と自然災害で家を追われる可能性がある[12]。

気候難民が増えればどうなるか。多くの難民が別の国に移動して国境の緊張が高まる。治安や失業率が悪化すると受け入れ国側の不満が増し、社会や経済が徐々に不安定になる。インフラが破壊されれば、貧困が深まり、衛生環境が悪化するリスクも出てくる。食糧や水資源の奪い合いが激しくなり、紛争が生じる懸念が強まる。取り残された貧困に苦しむ人々がテロリストになるよう勧誘されることもある。

　北極海もよく注目される事例だ。地球温暖化が進み、北極海の氷が溶けていることで、新たな航路や軍事拠点として使えるようになることに着目し、大国が自らの影響力を高めようとしのぎを削っている。19年に訪れた世界最大の島グリーンランド（デンマーク領）は地下資源が豊富な上、北大西洋の中心に位置する地政学上の要衝だ。同島には米軍が空軍基地を置き、NATOの存在感が大きい一方、近海ではロシアの潜水艦が活発に活動している。エネルギー輸送が期待される北極海航路には中ロも関心を寄せる。欧州委は21年10月、北極圏での化石燃料の新規開発を停止するよう提案した。ロンドンに本拠を置くシンクタンク「極地研究政策イニシアチブ（PRPI）」の創設者ドウェイン・メネゼス氏は21年3月の取材に「グリーンランドは21世紀の地政学の中心になる」との見解を示した。

温暖化の影響を強く受けるグリーンランドは地政学上の要衝だ（政庁所在地・ヌーク）

　気候変動への対応は、もはや地球環境を守るだけではないのだ。経済問題でもあり、安保問題でもある。逆にいえば、国際社会で自らの存在感を高めるには気候変動問題に取り組むのは必須と言える。ＥＵが掲げる欧州グリーンディールは、米中やロシアに対抗できる大国になろうとするＥＵの意思の表れでもある。

COLUMN

EUの組織

EUは国ではないため、意思決定過程が他国と異なる。法律などの重要な政策決定にかかわる3つの機関の役割を理解しておく必要がある。

閣僚理事会はEU理事会（Council of the European Union）とも呼ばれ、加盟国の閣僚で構成する。欧州委員会から提出された法案を議論して承認するなど欧州議会と立法機能を共有する一方、外交・安全保障については強い権限を持ち、その政策を定める。財務相や外相、農相、環境相、内相らによる会議が10あり、それぞれのテーマで定期的に集まる。理事会には常設の議長は存在せず、半年ごとの輪番制のEU議長国の閣僚が務める。23年1～6月はスウェーデン、同年7～12月はスペインが議長国だ。外相理事会だけは、EUの外相に当たる外交安全保障上級代表が議長を務める。意思決定は内容に応じて単純多数決、特定多数決、全会一致でなされる。税制や外交・安全保障、新規加盟国の承認といった重要事項は全会一致が必要だが、多くの分野では特定多数決が用いられている。
欧州議会（European Parliament）は閣僚理事会と並ぶ立法機関だ。定数705人で、主に加盟国の人口比に応じて議席が割り振られている。最も多いのはドイツの96で、キプロスやルクセンブルク、マルタは最も少なく6となっている。英国がEUを離脱する前の定数は751人だった。かつて権限は乏しく、諮問機関的な役割に過ぎなかったが、条約改正のたびに権限が強まっている。予算や法案の成立などほとんどの分野で欧州議会の承認が必要で、EUとしての意思決定や法案成立に大きな影響力を持つ。99年には欧州議会による不正の追及で、サンテール欧州委員会を総辞職に追い込んだこともある。

79年から直接選挙が採用され、EUの主要3機関のなかでは欧州議員は唯一、有権者の審判を受けている。欧州議員の任期は5年で、議長（任期は2年半）はマルタ出身のロベルタ・メツォラ氏。欧州議会の本部はフランスのストラスブールで、多くの本会議は同地で開かれる。一部の本会議や委員会は欧州委員会や理事

EU 首脳会議などが開かれるＥＵ本部の建物の１つ

会のあるブリュッセルで開く。

欧州委員会（European Commission）はＥＵの頭脳ともいえる政策執行機関だ。ＥＵの法案作成の権限を一手に担うため、ＥＵの政策決定過程で最も影響力があるといえる。法律の執行にも責任を負う。約３万２０００人の職員を抱え、規模としてはＥＵ機関で最も大きい。欧州委には30を超える総局（Directorate-General）があり、日本の省庁に相当する。国の閣僚に当たるのは欧州委員で全加盟国が一人ずつ出して計27人いる。そのトップが欧州委員長で、現在はドイツ人のウルズラ・フォンデアライエン氏が務める。委員長の任期は5年で再任が可能だ。就任には欧州議会の承認が必要になる。ＥＵ大統領と欧州委員長はＥＵを代表して主要7カ国（G7）や主要20カ国・地域（G20）の首脳会議に出席する。

主要３機関とは異なり、具体的な立法権や政策立案の機能はないものの、最も影響力があるのが欧州理事会（European Council）だ。27加盟国のトップと、ＥＵ大統領と呼ばれる常任議長と欧州委員長で構成するＥＵの最高意思決定機関といえる。少なくとも年４回の首脳会議を開くのに加え、輪番制の議長国が自国で非公式の首脳会議を開くため、年６回程度集まることが多い。新型コロナウイルスなど非常時には臨時の首脳会議が開かれることもある。ＥＵの大きな方針を示して閣僚や欧州委員会に具体化の指示を与えたり、閣僚レベルでは合意できなかった問題を話し合ったりする。首脳会議の議長を務めるのはEU大統領で、09年発効のリスボン条約で、常設職になった。現在は3代目で、ベルギー首相などを務めたシャルル・ミシェル氏だ。任期は2年半で、1回の延長が可能となっている。

前記以外でEUの非政治的な組織としては、欧州中央銀行（ECB）の存在感が大きく、ユーロ圏の金融政策を取り仕切る。現在はフランス出身のクリスティーヌ・ラガルド氏がトップを務める。ほかにもEUの法律の判断をするEU司法裁判所や、予算の執行を監視する欧州会計検査院（ECA）がある。これらとは別に専門機関は環境や防衛、個人情報保護など幅広く数十にのぼるが、新型コロナウイルス対策で注目の集まった欧州疾病予防管理センター（ECDC）や欧州医薬品庁（EMA）、金融行政関連では欧州銀行監督機構（EBA）や欧州証券市場監督機構（ESMA）がよく知られる。政策金融機関としては欧州投資銀行（EIB）がある。

参照文献

1 Ursula von der Leyen.（2019年）. A Union that strives for more: My agenda for Europe .
参照先: https://commission.europa.eu/system/files/2020-04/political-guidelines-next-commission_en_0.pdf

2 European Commission.（2019年12月11日）. The European Green Deal.
参照先: https://eur-lex.europa.eu/legal-content/EN/TXT/?qid=1588580774040&uri=CELEX%3A52019DC0640

3 European Commission.（2020年1月14日）. Sustainable Europe Investment Plan.
参照先: https://eur-lex.europa.eu/legal-content/EN/TXT/?uri=CELEX%3A52020DC0021

4 European Commission.（2020年1月14日）. Establishing the Just Transition Fund.
参照先: https://eur-lex.europa.eu/legal-content/EN/TXT/?uri=CELEX%3A52020PC0022

5 European Commission.（2020年3月4日）. European Climate Law.
参照先: https://eur-lex.europa.eu/legal-content/EN/TXT/?qid=1588581905912&uri=CELEX%3A52020PC0080

6 Council of the European Union.（2022年12月6日）. European Green Deal.
参照先: https://www.consilium.europa.eu/en/policies/green-deal/

7 Josep Borrell.（2020年12月3日）. Why European strategic autonomy matters.
参照先: https://www.eeas.europa.eu/eeas/why-european-strategic-autonomy-matters_en

8 European Commission.（2021年5月5日）. Updating the 2020 Industrial Strategy: towards a stronger Single Market for Europe's recovery.
参照先:https://ec.europa.eu/commission/presscorner/detail/en/ip_21_1884

9 International Energy Agency.（2022年7月）. Solar PV Global Supply Chains.
参照先: https://www.iea.org/reports/solar-pv-global-supply-chains

10 North Atlantic Treaty Organization.（2022年6月）. NATO 2022 Strategic Concept.
参照先: https://www.nato.int/strategic-concept/

11 United Nations High Commissioner for Refugees.（日付不明）. Climate change and disaster displacement.
参照先: https://www.unhcr.org/climate-change-and-disasters.html

12 Institute for Economics & Peace.（2020年9月9日）. Over one billion people at threat of being displaced by 2050 due to environmental change, conflict and civil unrest.
参照先: https://www.economicsandpeace.org/wp-content/uploads/2020/09/Ecological-Threat-Register-Press-Release-27.08-FINAL.pdf

第2章

「環境」、欧州政治の中心に

環境問題は、欧州の政治家にとって、もはや最優先課題の1つだ。気候変動対策をアピールしなければ、選挙で勝つのは難しくなっている。実際、欧州では環境政党が政権入りする国が相次ぐ。伝統的な政党も保守・革新問わず、より踏み込んだ環境政策を掲げている。有権者、とりわけ若者にとって気候変動を放置すれば、自らの将来が奪われかねないとの危機感があるのだ。抗議活動はグリーン旋風となって世界にも広がった。

欧州は以前から環境問題に取り組んできた。今はそのアクセルをさらに踏み込んでいる。新型コロナウイルス禍やロシアのウクライナ侵攻で一段と再生可能エネルギーへのシフトを進める考えだ。欧州連合(EU)には危機を生かして改革を実現してきた歴史がある。そして今はEUの規制を国外に輸出しようとしている。その規制を生かした戦略は「ブリュッセル効果」と呼ばれ、EUの国際舞台での存在感を高めている。

第2章では、環境がなぜ欧州で重要な位置を占めるようになったかの経緯を振り返り、EUがこれをどう活用しようとしているのか大枠を見ていきたい。

1 巻き起こるグリーン旋風

若者が政治を動かす

欧州議会選前に各地で環境対策を求めるデモが相次いだ（AP/アフロ）

「若者にツケを回すな」「異常気象から目をそらすな」。19年5月、欧州議会選を前にEU内の各地で抗議行動が起こっていた。市民の代表となる欧州議会選の候補者に環境対策をしっかりとるよう圧力をかけるためだった。「環境政策は最重要課題」。投票日前に、主要会派の幹部はこう口をそろえた。温暖化対策が争点になることがあまりない日本とは大きな違いだと感じたのを覚えている。

議会選の結果で目立ったのは、環境会派「緑の党・欧州自由連合」が議席数を52から74に伸ばし、第4勢力になったことだ。欧州議会では「与党」には入っていないものの、他の主要会派は緑の党の主張を意識して、より踏み込んだ環境政策を打ち出す傾向が鮮明だ。顕著な例は20年10月の30年の温暖化ガス排出削減目標に関する決議だ[1]。EUはもともと30年に90年比で少なくとも40％減らす目標を掲げていたが、フォンデアライエン欧州委員長は20年9月に55％に引き上げるよう提案した。だが欧州議会は60％とするべきとの決議を可決。賛成392、反対161の大差だった。

結局、EUの目標は加盟国からなる理事会と欧州議会の協議を経て、21年4月に55％で合意したが、欧州議会にはなお上積みを求める声が根強い。55％目標は地球温暖化対策の国際枠組み「パリ協定」に提出された公式な数値だが、パリ協定は定期的な目標の更新を求めているからだ。新型コロナウイルス禍からの経済復興策として環境対策を据えたのに加え、ロシアのウクライナ侵攻に端を発するエネルギー危機などを踏まえ、EUは気候変動対策を一段と強化しており、目標引き上げは可能との見方はある。

緑の党の躍進は目覚ましい。フィンランドでは19年6月に緑の党が連立政権に入った。オーストリアでは19年9月の総選挙を経て、初の政権参加を決めた。ドイツの21年9月の連邦議会選では緑の党は第3党になって連立政権の一角に入り、環境・エネルギー政策に強い発言力を持つ。アイルランドやルクセンブルクなど、緑の党の政権入りはもはや珍しいことではなくなった。

図表 2-1　EU 市民が考える世界全体が直面する最も深刻な課題　(%)

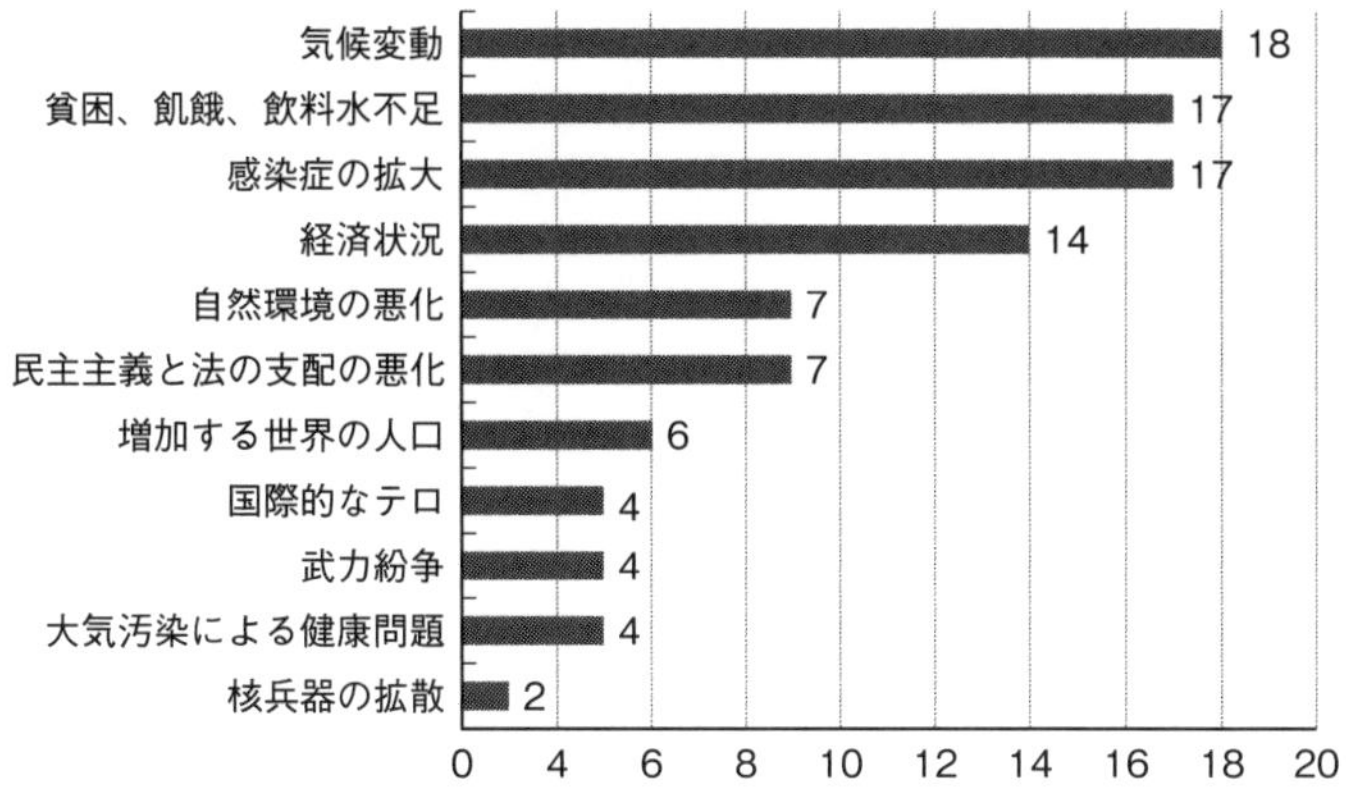

出所）ユーロバロメーター、2021年3～4月

21年3～4月に実施されたＥＵの世論調査「ユーロバロメーター」によると、世界が直面する深刻な課題として最も多くの市民が挙げたのが「気候変動」だった[2]。新型コロナウイルスの感染はなお続いていたにもかかわらず、「貧困、飢餓、飲料水不足」や「感染症の拡大」を上回った。

世界を見渡しても、この傾向は欧州に顕著だ。調査会社Ｉｐｓｏｓが「政府がいま、気候変動に取り組まなければ、国民を失望させることになるか」との質問を主要国でしたところ、上位には中南米諸国とともに、フランスやアイルランド、ベルギー、スペインといった欧州の国々が並んだ[3]。一方の日本は48％と、最下位のロシアの1つ上に沈んだ。

国ごとの気候変動への意識の差を明確に説明するのは難しいが、複数の識者に聞いたところ、メディアやSNS（交流サイト）の役割を挙げる声が多かった。例えば、欧州のテレビはグリーンランドの氷河が地球温暖化の影響で崩れ落ちるインパクトのある映像を頻繁に流す。それがSNSで拡散される。ショッキングな映像を見て、気候変動の悪い影響が差し迫っているとの意識が高まった、というわけだ。

実際、欧州でも異常気象を感じられる機会は増えている。21年の夏にはドイツとベルギーで記録的な豪雨で河川が氾濫し、200人以上が死亡した。世界気象機関（WMO）によると、22年には欧州は観測記録上、最も暑い夏を経験した[4]。ベルギーの同年7月は185年以来最も乾燥した月となったほか、熱波と乾燥でスペインやフランスでは山火事が多発した。政治家や有識者はメディアを通じて被害と温暖化の関連を訴えた。

グリーン旋風の中心にいたのは交流サイトを使いこなす若者世代だ。ユーロバロメーターの調査では、気候変動を深刻な問題と考えるのは、15〜24歳の年齢層が最も多く、年齢が高まるにつれて徐々にその認識は低下する。議会選で取材した若者は「対策を放置してより長期にわたって大きな被害を受け、その後始末をするのは私たち若者だ」と答えた。若者の代表例がスウェーデンの環境活動家、グレタ・トゥンベリ氏と言っていいだろう。18年8月から学校前で温暖化に抗議する「学校ストライキ」を始め、「Fridays For Future」となって欧州を飛び越え、世界に拡大した[5][6]。

彼女の主張には賛否両論があるが、火付け役になったのは確かだ。

欧州のメディアでは少しずつ「エコ不安」（Eco-anxiety）という言葉が取り上げられるようになっている。現時点では病気とは定義されていないが、将来の地球環境に不安や恐怖を感じ、睡眠障害や体重減少を引き起こしたり、抑うつ状態になったりするという。そんななか、若者が立ち上がり、欧州の政治家を動かした。日本では、投票率の高い高齢者向けの政策を優先する「シルバー民主主義」が問題視される一方、欧州では若者の行動が気候変動を政策課題に押し上げた。

環境問題に古い歴史

ＥＵが環境対策に力を入れ始めたのは、19年12月に発足したフォンデアライエン欧州委員会が最初ではない。近年はＥＵが世界の環境政策を引っ張ってきた部分は大きいが、その前に人類の環境問題への認識とその対応を簡単に振り返っておこう。

広い意味での「環境問題」に我々が関心を持ち始めたのはいつだろうか。約２００年を遡ってみれば、フランスの数学者であるジョセフ・フーリエが１８２０年代に、いま温暖化で問題になっている「温室効果」を発見した。これを担うのが二酸化炭素（CO_2）などの温暖化ガスなのだが、これは事象の発見にとどまる。環境問題への対応が重要との理解が広がり始めるのは、工業化が急速に進んだ20世紀だ。1970年代には自然環境の悪化が、人類の存続や生活に影響を及ぼしねないという意識が欧州を中心に国際社会に芽生え始めた。

国際団体ローマクラブは1972年の報告書で「人口や工業化、汚染、食料生産、資源枯渇の拡大傾向が変わらなければ、この惑星は今後100年以内にこの惑星の限界に達するだろう」と警告した[7]。この有名な「成長の限界」の研究は、第2次世界大戦後に突き進んできた拡大路線に疑問を呈し、とりわけ成長をけん引してきた西側諸国に再考を求めた内容だった。同じ年には、スウェーデンのストックホルムで開かれた国連の人間環境会議では、環境保全を推進するという人間環境宣言が採択され、実施機関として国連環境計画（UNEP）の設立が決まった[8]。少しずつ意識が変化し始めた時期だった。

当時、環境問題と言えば公害や大気汚染が主流で、地球温暖化への関心はまだまだ薄かった。「成長の限界」から少し遅れて79年、スイスのジュネーブで開かれた世界気候会議で、地球の気温上昇の影響について話し合うため科学者らが集まったのが、大きな国際会議としては初めてだった[9]。会議は、各国政府に人類の幸福に悪影響を及ぼす可能性がある人為的な気候変動を予見し、防止するよう呼びかけた。

工業化の進展とともに、公害や森林の減少、砂漠化といった問題に関心が集まった。国

図表 2-2　パリ協定採択までの歩み

1972年	ローマクラブが「成長の限界」と題する報告書を公表
1972年	国連の人間環境会議で、国連環境計画の設立を決定
1979年	世界気候会議の第1回会合で地球温暖化のリスクを議論
1987年	国連の環境と開発に関する世界委員会が報告書「我ら共有の未来」を公表
1988年	気候変動に関する政府間パネル（IPCC）が設立
1992年	国連環境開発会議（地球サミット）。気候変動枠組み条約と生物多様性条約を署名
1997年	京都議定書を採択
2000年	国連のミレニアムサミットで「ミレニアム開発目標（MDGs）」を合意
2015年	国連の持続可能な開発サミットで30年までの持続可能な開発目標（SDGs）を採択
2015年	パリ協定を採択

連に設置された「環境と開発に関する世界委員会」が87年にまとめた報告書「Our Common Future（我ら共有の未来）」では「持続可能な開発」の概念が打ち出された[10]。委員会を率いたノルウェー元首相の名をとってブルントラント・リポートと呼ばれるこの報告書は、持続可能な開発を「将来世代のニーズを損なうことなく、現在のニーズを満たす開発」と定義した。環境に配慮しながら経済を発展させ、今のままの地球を子や孫の世代にも残そうとする考え方は、現在の多くの政策決定者の基本的な立場でもある。

地域レベルで環境問題への対応はされていたが、国際社会として動き出し始めたのは90年ごろだ。88年には気候変動に関する政府間パネル（IPCC）が世界気象機関（WMO）とUNEPによって、スイスのジュネーブに設立された。科学者集団であるIPCCは気候変動に関する科学的知見を政府に提供し、政策決定に役立ててもらう。IPCCが5～6年ごとにまとめる報告書は、今や国際交渉を進める上での土台となっている。92年にはブラジルのリオデジャネイロで環境と開発に関する国連会議（地球サミット）が開かれ、ブルントラント・リポートの実践につながる持続可能な開発を推進する宣言をまとめた[11]。国連気候変動枠組み条約と生物多様性条約の署名も始まった。

京都議定書交渉で存在感

悪化する環境への警告の多くが欧州から発信されたのは偶然ではない。18世紀半ばに始まった産業革命以降、世界の工業化を引っ張ってきたのは欧州だからだ。１９７３年にはＥＵの前身に当たる欧州共同体（ＥＣ）が初の共通環境政策である「環境行動計画」（ＥＡＰ）をまとめ、前年に公表された「成長の限界」を意識しつつ、環境汚染などへの加盟国共通の原則を盛り込んだ[12]。87年に発効した単一欧州議定書では「欧州共通の利益」を優先することを明記した上で環境保護にも触れ、それまでは非公式な取り組みだったＥＡＰに法的根拠が与えられた。そして93年発効のマーストリヒト条約でＥＵが正式に発足すると、環境政策をＥＵの共通政策と位置づけ、欧州委員会に単一の総局（日本の省庁に相当）を設けるなど、本格的に取り組むことになった。

ＥＵが対外的に存在感を高めたのが、97年に合意した京都議定書の交渉だ。排出削減という経済への下押し圧力になりかねない国際的な取り組みにEUが積極的になったのは、いくつか事情がある。一つはEU発足から間もないなか、EUとしての存在感を高める必要があったことだ。幸運にもEUにはオランダやドイツといった環境問題に積極的な加盟国があり、その後押しを受けられた。また、EUという独仏を中心とする連合体の大きなパワーの交渉力を試す良い機会でもあった。EUは交渉時には一つの大国のように振る舞い、なんらかの決定をする際には加盟国がそれぞれ投票権を行使してまとまって行動する（97年当時は15カ国）。今ではよく見られる、その使い分けが始まった時期でもあった。

温暖化ガスの排出減に道を開く京都議定書は97年に採択された（ロイター/アフロ）

その象徴的な事例が、「EUバブル」と呼ばれる仕組みだ。加盟国ごとの目標は持ちながらも、最終的にEU全体で実現すれば認められる内容だ。つまりある加盟国の排出が増えても、別の加盟国がその分の排出を減らせば、EUとして達成したことになる。この案に対して日本と米国は「不公平だ」と反発した。その一方で、EUは京都議定書の排出削減目標を先進国全体で10年に90年比15％削減する目標をぶち上げた。これは日米にとって予想外に高い水準だった。ＥＵは加盟国間で事実上、削減目標をやりとりできるのに、日米は一国で達成しなければならない。最終的には15％は５％に引き下げられた一方、ＥＵバブルは認められた。ＥＵは交渉時に日米に先立って提案をすることが多く、主導権を握ろうとする狙いが垣間見えた。

京都議定書が発効したのと同じ２００５年には域内の排出量取引制度を、世界に先駆けて導入した[13]。排出量取引は、簡単に言えば、企業が排出削減目標を達成するために省エネなどに取り組み、目標を超えて排出を減らした場合は排出枠として市場などで売れ、逆に達成できなかった場合は買う仕組みだ。導入当初は事実上の試験段階で十分に機能していたとは言いがたいが、京都議定書の目標達成にも活用した。同制度は今や英国や中国、韓国、カナダのほか、日本や米国では一部の自治体が導入している。その後は現在に至るまで自動車の排ガス規制や廃棄物規制などで世界を引っ張る政策を相次いで打ち出すことになる。

2 危機をチャンスに

コロナからの再生、環境とデジタルを軸に

20年7月下旬、記者たちは眠い目をこすりながら、臨時のEU首脳会議の終わりを今か今かと待ち構えていた。首脳はブリュッセルのEU本部で対面で会っているものの、新型コロナウイルス禍の影響で普段なら設置されるメディアセンターはない。メディアセンターにいれば、会議が進展しているかどうか、終わりそうかどうかが肌で感じられるが、今回はその手段もなく、自宅などで電話やSNS（交流サイト）を使っての取材を強いられた。

首脳会議が始まったのは7月17日の金曜日だった。首脳会議の延長は珍しくないが、遅くとも日曜日には終わるのが一般的だ。昼夜関係なく首脳が議論し、午前2時や3時に開かれる記者会見は少なくない。日本よりも若い政治家が多いとはいえ、高齢の政治家もいるなかで、欧州政治家のパワフルさを感じる機会だ。

ところが、異例の会議は日曜日を超えて、翌週に突入した。会議が深夜や明け方に閉幕するかもしれず、記者たちはおちおちと眠れない。ミシェルEU大統領の報道官が会議終

了を告げるツイートをしたのが、21日午前5時半過ぎだった。90時間を超える首脳会議は、EUの歴史のなかで2番目の長さだ。EU当局者によると、最も長い記録は、2000年12月にフランスのニースで開かれた首脳会議だという。中・東欧諸国の新規加盟をにらんだ欧州議会の議席配分のルールなどを盛り込んだニース条約の内容で合意したときだった。

20年7月の首脳会議のテーマは、新型コロナ禍で落ち込んだ欧州経済をどう再生させるかだった。感染拡大が本格的に始まった20年の春、EU加盟国は結束どころか、「自国第一」主義に走った。本来ならば、自由に行き来できる加盟国間の国境での検問を復活させ、マスクや医療器具などは自国の手元に置こうと輸出制限を導入した。各国は互いに非難し合い、EUの「国家」未満「国際機関」以上のもろさがあらわになっていた。だが危機の深刻さが明らかになるにつれ、加盟国は徐々に協力を深め、首脳会議で7500億ユーロ規模の復興基金で合意した[14]。

復興基金の道筋をつけたのは、EUの中核といえるドイツとフランスだった。20年5月にメルケル独首相（当時）とマクロン仏大統領が5000億ユーロ規模の欧州復興のための基金を設立すると発表した。企業の雇用つなぎとめや資金繰り支援など緊急対策はすでに実施済みで、基金の目的はコロナ後の経済復興を見据えたものだ。その約10日後、フォンデアライエン欧州委員長は独仏案をもとに、2500億ユーロの融資枠を上乗せして、合計で7500億ユーロ規模の復興基金を設立すると加盟国に提案した。フォンデアライエン氏は「復興基金は経済の回復だけでなく将来に投資することで、我々が直面する困難を機会に変える」と力説した。ここで重要なのは、独仏案ではそれほど明確ではなかった基金の使い道として環境やデジタルといった成長分野が中心になると明らかにしたことだ。環境分野には復興基金の3割を投じる方針を示した。経済成長を追い求めながら、コロナ禍を機に、古くなった経済システムやインフラを更新し、新しい社会・経済につくりなおそうとする野心といえた。

繰り返す危機生かす

「欧州は危機を通じて形作られ、危機対応を積み重ねて構築されていく」。EU創設の父の一人、ジャン・モネはかつてこう言った[15]。EUは1952年に設立された欧州石炭鉄鋼共同体（ECSC）が前身で、6カ国（フランス、西ドイツ、イタリア、オランダ、ベルギー、ルクセンブルク）から始まった。歴史を振り返れば、EUは対立を乗り越えて統合を深めてきた。平時は自国の既存の利益が優先されるため、改革は困難を伴うが、危機に直面すると、加盟国全体で切り抜ける方法を模索する。近年では10年ごろの欧州債務危機で、将来の危機の再来に備え、金融面でのセーフティーネットが拡充された。15年ごろの難民危機では、不十分ながらも、国境管理が強化され、難民を保護する基金が新設された。

20年7月の首脳会議後の記者会見でEUのミシェル大統領は「我々は共通の未来に対する信念を示した」と胸を張った。感染症という危機に直面して、EUは一段と統合を深めることになり、モネの言葉の正しさを証明した。基金をまかなうために、大規模なEUの共通債券を初めて発行し、市場から資金を調達して、EUの景気回復を進めると同時にグリーンシフトを加速させる。

そして再び危機がEUを襲う。ロシアのウクライナ侵攻だ。エネルギーのロシア依存の高さというEUの弱点を直撃された格好だ。20年のEUはガス輸入の43%、石油29%、石炭54%がロシア産だった[16]。侵攻でロシアはEUにとって信頼できるパートナーではなくなり、同国産化石燃料からの脱却を急いだ。22年5月、欧州委員会は「リパワーEU」と題した一連の改革案を公表した[17]。EUはフォンデアライエン欧州委員会が発足してから、域内の温暖化ガスの排出量を30年に90年比55%削減する目標を打ち出し、それを実現するために「Fit For 55」の計画を公表した。だがロシアのウクライナ侵攻がエネルギー危機を引き起こし、さらにアクセルを踏み込む必要があると判断した。

ロシアからの化石燃料の輸入を断ち切るには、ロシア以外の第三国からの化石燃料の調達を増やしたり、再生可能エネルギーや省エネを強化したりする必要がある。暖房などの需要が冬に増えることを考えると、今後1～2年は化石燃料の利用が増えるのはやむを得ないものの、中長期では自前のエネルギーと言える再生エネの拡大に軸足を置く。究極的には「すべてのエネルギーを再生エネでまかなえば、エネルギーを輸入する必要はない」(欧州委で気候変動対策を担当するティメルマンス上級副委員長)からだ。

リパワーEUは具体的に、30年時点の最終エネルギー消費に占める再生エネの比率を従来の40%から45%に引き上げるよう提案した。省エネの改善目標も9%から13%に引き上げる方針を提示した。27年までに2100億ユーロを追加投資して、再生エネからつくるグリーン水素の生産を1000万トンにするほか、公共施設や住宅などに太陽光パネルの設置を義務付けることも盛り込んだ。法案は欧州議会と理事会の議論を経て、再生エネの比率は42・5%、省エネ目標は11・7%で合意した。

3 EUの規制パワー、その源泉 4億5千万人の大市場

「ブリュッセル効果」

ブリュッセル効果（Brussels Effect）という言葉が、EU本部のあるブリュッセルで急速に広がったのは、新型コロナウイルスの感染が本格化する直前の20年の春ごろだった。米コロンビア大学ロースクールのアヌ・ブラッドフォード教授の同名の書籍が発売され、EU官僚や関係者はこぞって読みふけった[18]。ブリュッセル効果は、EUが各国に先んじて厳しい規制を打ち出すことで、世界を股にかけてビジネスを展開する企業は製品やサービスをその規制に合わせ、やがてEU基準がグローバルスタンダードになること、と理解できる。

EU加盟27カ国の人口は約4億5千万人で、所得が高く購買力がある。グローバル企業にとってEU圏内でビジネスをできないのは売り上げに大きく影響する上、ブランド力も高められない。

それゆえ、企業はEU内で事業を継続するにはEUのルールに従わざるを得ない、とい

うことになる。ルールを守らなければ、EUから巨額の制裁金を科されるリスクもある。18年にはEU競争法（独占禁止法）違反で、米アルファベット傘下のグーグルがEU当局から約43億ユーロという巨額の制裁金を科された（後にEU司法裁判所の一審判断で約41億ユーロに減額された）。

前述したように、EUは普通の国とは違うため、行使できる権限は乏しい。軍事力はほとんどなく、外交や税など主権に強く結びつく分野はすべての加盟国の合意が必要だ。この規制パワーの活用は、消費や輸入の観点で4億5000万人の大市場を生かしたEUの知恵だ。その効果は絶大だ。例えば、35年以降はCO_2排出の実質ない自動車のみの販売を認める法案は、ハイブリッド車なども禁止されるため、日本の自動車メーカーも含めて、EU市場では電気自動車（EV）や燃料電池車（FCV）、そして特別な合成燃料を使った車しか売れなくなる。自動車のEV化に拍車がかかるのは間違いない。

EUはブリュッセル効果という言葉が広がる前から、環境分野で規制パワーを活用してきた。06年施行の電気・電子機器の有害物質規制「RoHS指令」、07年の化学物質規制の「REACH規則」は日本を含む多くの企業が代替材料の調達などに追われた。RoHS指令では鉛や水銀などの使用が原則禁止され、REACH規則では生物や環境への影響が大きい物質を使う場合には認可を受け、販売先や消費者に詳細なデータを明示することが義務化された。このほか、家電リサイクルなどのルールを定めた「WEEE指令」や自動車の排ガス規制も、企業に大きな影響を及ぼした。いずれもEUが規制の先陣を切った分野で、中国など新興国を中心に類似の規制を導入する事例が相次いでいる。

ブラッドフォード教授は、電子関連産業ではEUのRoHS指令とWEEE指令が事実上の標準になっていると分析する。EUからは遠い日本や台湾、韓国でもブリュッセル効果は顕著で、日立製作所がRoHS指令の対象の化学物質を全世界で段階的に廃止することを決めた事例を著書で紹介している。もちろん、企業はEU向けと、それ以外の生産ラインを設けることは理論的には可能だが、それではコストが膨らみかねない。その上、EUの厳しい環境規制を守っていれば、規制が緩い地域でも環境性能の良さを売りにできる可能性が高まるという判断があるようだ。

したたかなEU

この規制パワーの活用がEUにもたらすものは何なのだろうか。EUでは、欧州委員会がEUに拠点を置く企業などの業界団体や市民グループなど非政府組織(NGO)への意見聴取を経て規制案をまとめる。それゆえ、ルールの内容自体は厳しくても、企業の要望を色濃く映す。欧州委も、加盟国政府とも深い関係のある業界の要望を軽視して、極端な政策を決めることはできない。つまり、ＥＵの規制は企業が強く反対する内容になることは少なく、企業は事前の当局とのやりとりを通じて規制の内容を予見できる。

この戦略には、域内企業に好ましい競争環境を整備することで、世界で戦えるＥＵ発の大企業を育てるという野望がある。取材を通じて、ＥＵ幹部が「米国や中国に比べて、欧州にはグローバル企業が少ない」と愚痴るのを何度も聞いた。ＩＴ（情報技術）分野の大企業である米グーグルやアップル、アマゾン、メタ（旧フェイスブック）だけではない。太陽光パネルやＥＶに使われるバッテリー生産は中国が大きなシェアを占める。

マッキンゼー・グローバル・インスティチュートは22年９月のリポートで情報通信技術やその他の破壊的イノベーションの進展で、欧州が他地域に比べて後れを取っていると分析した[19]。欧州企業が米企業よりも業績で劣るのは、技術創造型産業によるところが大きい。例えばデジタル分野では量子コンピュータや人工知能（ＡＩ）などは、効率的な温暖化対策に欠かせないが、積極的に投資する欧州の大企業は乏しい。ＡＩなどの分野横断的な技術の主導権を握れなければ、欧州企業は40年までに年２兆～４兆ユーロの機会を失うリスクがあるという。これは欧州の成長に直結する。この問題を理解しているからこそ、ＥＵは環境分野での「チャンピオン企業」を欧州から生み出したいと考えている。

その具体例がスウェーデンの電池スタートアップ、ノースボルトだ[20]。ＥＵは政策金融機関の欧州投資銀行（ＥＩＢ）を通じて18年に融資を決めた。加えて、ドイツのフォルクスワーゲンやシーメンス、スウェーデンの電力大手バッテンファルなどが協力し、欧州全体でノースボルトの成長を後押しする。

一方で、ＥUの主要機関は22年12月、新しいバッテリーの規制導入で合意した。企業にバッテリーとその生産過程でのCO_2の総排出量の申告や、材料の一定割合での再利用を義務化することが柱だ。一般的に電池の生産は多くの電力を使うため、CO_2の排出が多い。ノースボルトのバッテリーはスウェーデンの水力発電による豊富で安価な電力を使って製造するため石炭を使うよりも排出を8割少なくできるという。地球環境を考えれば、バッテリーそのものや生産過程を持続可能な形にすることに異を唱える者はいないだろう。だが見方を変えれば、規制を活用してノースボルトの成長を援護射撃しているとも言えなくない。ここにEUのしたたかさが垣間見える。

19年12月のフォンデアライエン欧州委員会の発足後、ＥUはさらに対応を強化している。これまでは国外の企業などのプレーヤーにEU市場のルールを守らせることに主眼を置いていたが、ＥUの規制パワーを使って、場合によっては相手国に政策変更を求めるまでになったのだ。ＥUが途上国向けに付与する貿易優遇策では気候変動対策が不十分な場合は優遇措置を停止できる規定を盛り込んだ改正案を検討している。主に新興国向けには森林破壊を放置する場合は、食品や木材などの輸入を停止できるようにする方針だ。極め付きは、環境規制の緩い国からの輸入品に事実上の関税をかける国境炭素調整措置（国境炭素税、CBAM）だ。中国などの新興国が念頭にあるが、日本や米国企業なども対象になる可能性がある。こうした政策は相手国にEUと同等か近い水準の規制を導入するよう事実上要求するものだ。個々の政策の詳細は次章で見ていくが、EUは環境覇権を狙い、世界をEUルールで席巻しようとしている。

ロビーイングに力　NGO、EUの意思決定に影響力

1997年、外交専門誌「フォーリン・アフェアーズ」に「パワー・シフト」と題する論文が載った[21]。国家に権力が集中する時代は終わり、企業や国際機関、NGOといった国境を自由に越えられる主体が政策決定に重要な役割を果たしつつある、という内容だ。光が当てられたのはNGOだ。広範なネットワークを生かして各国の政府に最新の情報を提供するとともに、強力なロビー活動を展開する。92年の地球サミットでNGOは多くの政府交渉団に入り込み、会議の意思決定に深くかかわったという。とりわけ気候変動の分野でのNGOの存在感は突出しており、その知識や資金力は小国を上回るという。そんな権力の緩やかな分散が進んでいると、筆者のジェシカ・マシューズ氏は書いた。欧州で取材して

いると、その最前線がブリュッセルなのだ、と強く感じる。ＮＧＯが政策決定に深くかかわったと判明している事例が少なくないからだ。ＥＵの意思決定でＮＧＯの役割は無視できない。

ＥＵ本部のあるブリュッセルには、ＮＧＯから業界団体まで数百とも言われる利益団体が拠点を構える。最新の情報をつかみ、自らの主張に沿った内容の規制になるよう政策当局者に陳情を重ねる。ＥＵ側も利益団体のロビー活動を「ＥＵの政策に人々の真のニーズが反映されるようにするため、意思決定における正統かつ必要な過程だ」（欧州議会）と歓迎する[22]。その代わり、欧州議会では利益団体はどんな団体かを事前に登録することが義務付けられ、とりわけ議会の幹部は会合予定を公表しなければならない。透明性を確保し、なれ合いや不正を防ぐ工夫だ。

ブリュッセルには欧州環境事務局（ＥＥＢ）という環境ＮＧＯのネットワークがあり、38カ国の約１８０の組織が加わっている。ＥＥＢは世界的なＮＧＯである気候行動ネットワーク（ＣＡＮ）やグリーンピース、世界自然保護基金（ＷＷＦ）などとともに、「グリーン10」と呼ばれる団体をつくり、ＥＵに政策提言をしている。ＮＧＯ間のネットワークは情報交換を容易にするとともに、大きな規模の組織となることで、政策決定者への発言権を大きくすることができる。これらのＮＧＯがＥＵ機関の担当者に会い、自らの主張に沿った政策になるよう陳情を重ねる。

環境分野でNGOが力を示したわかりやすい事例を見ていくが、その前提として通商政策でのEUの政策決定の過程を理解しておきたい。通商政策はEU単独の権限であり、加盟国は独自に自由貿易協定（FTA）を結ぶことはできない[23]。具体的には、交渉を担う欧州委員会がどの国・地域とFTAなどを結ぶかを検討した上で、加盟国からなる閣僚理事会に交渉開始を勧告する。理事会が欧州委に交渉権限を与え、欧州委が実際に交渉を進めて大筋で合意すれば、文書を再び理事会が議論する。問題ないと判断すれば、欧州議会に送られる。議会は審議した上で同意（consent）を出すかどうかを採決する。細かな手続きはほかにもあるものの、同意すればEU側の批准手続きはほぼ完了する。

欧州議会ではロビー活動が活発だ（仏ストラスブール）

FTAの批准に、欧州議会の同意が必要になったのが、09年にリスボン条約が発効したときだ。欧州議会は事実上の拒否権を手に入れたことになり、NGOがEUの政策決定過程で一段と影響力を強める機会になった。欧州議会は選挙で直接選ばれる唯一のEU機関だ。市民の関心には敏感で、世論調査で環境問題が有権者の懸案の上位に来るならば、議員はより踏み込んだ対策が必要と考えがちだ。NGOは欧州議会の議員に積極的なロビー活動を展開するようになった。

南米FTAに待った

19年6月、EUとブラジルやアルゼンチンなど南米4カ国が加盟する関税同盟、南米南部共同市場（メルコスル）はFTAを結ぶことで大筋合意した[24]。発効すれば7億人を超える貿易圏が生まれ、両地域の経済を成長させるとされていた。FTAには「貿易・持続可能な開発（TSD）章」があり、環境関連の規定が含まれる。例えば、パリ協定の着実な実行や、森林の違法伐採阻止に取り組むといった具合だ。だが20年10月、欧州議会は「現状のままでは批准できない」との決議を採択した[25]。メルコスル最大のブラジルでは、地球温暖化を軽視する言動を繰り返してきたボルソナロ大統領（当時）のもと、火災や違法伐採で森林が急速に減少しており、FTAの規定をメルコスル側が守るとは考えられない、との理由だ。例えば、フランス政府による委託調査では、FTAを結べばEUへの牛肉輸出が増加するため、畜産のための土地がさらに必要になり、ブラジルの森林破壊が悪化する可能性が高いと記されている[26]。

図表 2-3　EUはメルコスルとのFTA交渉を停止すべきか（欧州主要12カ国での調査）

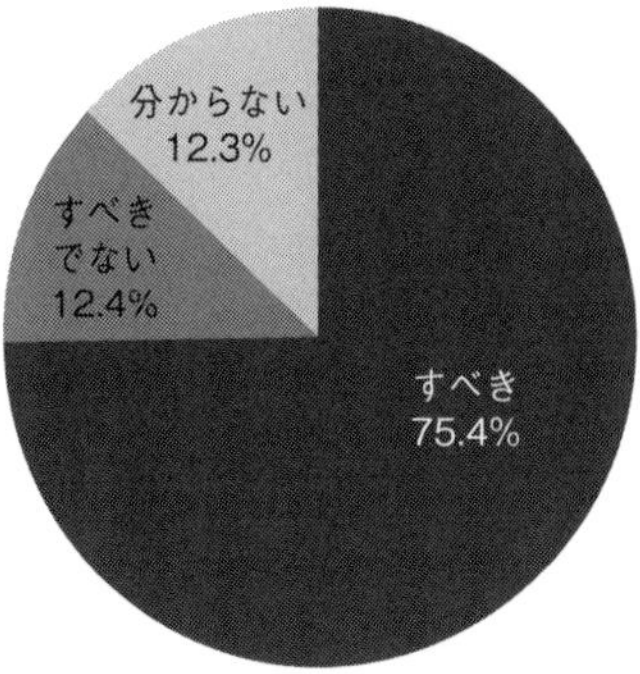

出所）熱帯雨林財団ノルウェー、ユーガブ 2021年

欧州議会の決断に、少なくとも部分的に影響をもたらしたのがＮＧＯのロビー活動と言える。大筋合意した19年６月ごろから、３４０を超えるＮＧＯ交渉の停止を要求する公開書簡を公表するなどキャンペーンを強化した。ＮＧＯは一般市民向けのセミナーなどの発信を増やした[27]。ＮＧＯは政策当局者からすれば過激な主張を掲げがちだが、前述したように一般市民も環境破壊への懸念を強めており、方向性は一致した。熱帯雨林財団ノルウェーが21年２月に公表した調査によると、欧州主要12カ国の有権者の75%が、アマゾンの森林破壊が止まるまでは自国政府が貿易協定の批准を停止すべきだと考えている[28]。各種世論調査で有権者の関心を知る欧州議員には、ＮＧＯのアピールが説得力があるものに映った。

加えてＮＧＯは各国の議会へのロビー活動も強めた。通商政策は原則としてＥＵの単独権限だが、ＦＴ

Aの内容によっては加盟国の権限に触れる「混合協定」とされ、全加盟国での批准手続きが必要になる。EUとメルコスルのFTAは混合協定になる可能性が高い。このことはロビー活動をする側にとってはむしろ好都合になる。1カ国でも反対すれば、協定の発効を阻止できるからだ。森林保護への懸念だけが理由ではないが、フランスやアイルランドなどは反対を表明した。

最終的に欧州委で交渉の責任者となるドムブロフスキス上級副委員長（通商政策担当）は21年4月、メルコスルとのFTAについて「パリ協定と森林破壊に対応する約束の実行は不可欠だ」と語った。合意した文書の内容を超えてメルコスル側が対応しなければ、発効は難しいとの認識を示したものだ。FTAに関するEUとメルコスルの対話は止まっていたが、ルラ新政権になって対応がどう変わるか注目される。

欧州議会の権限強化が、NGOのロビー活動の可能性を広げたと言えるが、これは通商政策に限らない。純粋な環境政策だけでなく、環境問題の解決には農業や外交、デジタル、運輸などの分野で対応が欠かせない。今や一部の例外を除いて、ほとんどのEUの法律が欧州議会の承認なしに成立することはない。今後もNGOの力は増す可能性が高い。

EUの法案成立過程

COLUMN

EUは加盟国から主権の一部を移譲され、独自の立法手続きを持つ。普通の国ではないため、日本などの通常の立法過程とは異なり複雑だ。EUには主な機関として欧州委員会、閣僚理事会、欧州議会があり、この3機関がEUの法律制定に大きくかかわっている[29]。

法案を作成する権限は欧州委員会にある[30]。理事会や議会に加え、欧州中央銀行（ECB）や欧州投資銀行（EIB）などは欧州委員会に法案を提出するよう要請することはできるが、最終的な判断は欧州委員会がする。その後、通常の立法手続きでは、法案は「共同立法機関」である理事会と欧州議会に送られる。理事会は27加盟国からなり、欧州議会は選挙で選ばれた議員からなる。

議会と理事会に送られた法案は最大3回の「読会」を経て、成立するかどうかが決まる。議会がまず法案を承認するか、修正するかを審議して、理事会に送り、理事会が承認すれば法案は成立する。理事会がさらに修正すれば再び議会に送られる、といった具合だ。ただ最近は早期の合意をめざすため、非公式の協議の場で意見の擦り合わせをするケースが増えている。とりわけ、影響が大きいテーマの法案では、欧州委員会を含めた「トリローグ」と呼ばれる3者会合が開かれ、合意点を探る[31]。各機関の代表者が膝詰めで話し合うため、協議は深夜に及ぶこともある。例えば、巨大IT（情報技術）企業に包括規制をかけるデジタル市場法案（DMA）のトリローグが終わったのは22年3月24日深夜。欧州議会は午後11時半ごろ、理事会は日付が変わってからプレスリリースを公表した。

トリローグは非公式な場のため、交渉で妥結しても政治合意にとどまる。その後は正式な手続きにのっとって法律が成立する。トリローグでの合意が覆ることはほとんどない。だが23年3月には、35年以降の内燃機関車の新車販売の実質禁止で合意していたのを、ドイツが最後の最後でひっくり返し、CO_2排出がないとみなされる燃料を使ったエンジン車の販売を認めさせ、他の加盟国から反感を買った。

理事会では一部の法案を除き、EU独自の「特定多数決」という制度で意思決定する。これは加盟国の55%、EUの人口の65%が賛成した場合可決されるという規定で、少なくとも15カ国が賛成し、さらに一定の人口を擁する加盟国が含まれている必要がある。欧州議会では多くの場合は単純多数決で法案を採択するかどうかを決める[32]。

なお、通常立法手続きとともに、議会の関与を弱める特別立法手続きもある。ほとんどの場合は通常立法手続きが用いられるが、ＥＵの新規加盟や脱退、域内市場の適用除外といった一部の分野では特別立法手続きが採られる。

一方、ＥＵの首脳会議（欧州理事会）も定期的に開かれている。最高意思決定機関だが、立法過程に直接かかわることはない。首脳会議では閣僚レベルでは合意できない問題を首脳が直接議論して大きな方針を示し、これに従って、ＥＵの諸機関が具体的な法律に落とし込む。

参照文献

1 European Parliament.（2020年10月8日）. EU climate law: MEPs want to increase 2030 emissions reduction target to 60%.
参照先: https://www.europarl.europa.eu/news/en/press-room/20201002IPR88431/eu-climate-law-meps-want-to-increase-2030-emissions-reduction-target-to-60

2 European Commission.（2021年7月）. Eurobarometer.
参照先: https://europa.eu/eurobarometer/surveys/detail/2273

3 Ipsos.（2022年4月18日）. Earth Day 2022. Awareness of government actions to combat climate change is low in most countries despite high level of concern.
参照先: https://www.ipsos.com/en/global-advisor-earth-day-2022

4 World Meteorological Organization.（2022年9月09日）. Europe has hottest summer on record: EU Copernicus.
参照先: https://public.wmo.int/en/media/news/europe-has-hottest-summer-record-eu-copernicus

5 European Economic and Social Committee.（2019年2月21日）. "You're acting like spoiled irresponsible children" - Speech by Greta Thunberg, climate activist.
参照先: https://www.eesc.europa.eu/en/news-media/videos/youre-acting-spoiled-irresponsible-children-speech-greta-thunberg-climate-activist

6 World Economic Forum.（2020年1月21日）. Greta Thunberg: Our house is still on fire and you're fuelling the flames.
参照先: https://www.weforum.org/agenda/2020/01/greta-speech-our-house-is-still-on-fire-davos-2020/

7 D.H. Meadows, D. L. Meadows, J. Randers and W. W. Behrens III.（1972）. The limits to growth, The Club of Rome.
参照先: https://www.clubofrome.org/publication/the-limits-to-growth/

8 United Nations.（日付不明）. United Nations Conference on the Human Environment, 5-16 June 1972, Stockholm.

参照先: https://www.un.org/en/conferences/environment/stockholm1972
9 World Meteorological Organization.（日付不明）. World Climate Conference-1 (WCC-1）.
参照先: https://library.wmo.int/index.php?lvl=author_see&id=5288#.ZCbi13bP270
10 G.H. Brundtland, et al.（1987）. Our common future
参照先:https://sustainabledevelopment.un.org/content/documents/5987our-common-future.pdf
11 United Nations.（日付不明）. United Nations Conference on Environment and Development, Rio de Janeiro, Brazil, 3-14 June 1992.
参照先:https://www.un.org/en/conferences/environment/rio1992
12 European Parliament.（2022年12月）. Environment policy: general principles and basic framework.
参照先: https://www.europarl.europa.eu/factsheets/en/sheet/71/environment-policy-general-principles-and-basic-framework
13 European Commission.（日付不明）. EU Emissions Trading System (EU ETS）.
参照先: https://climate.ec.europa.eu/eu-action/eu-emissions-trading-system-eu-ets_en
14 Council of the European Union.（2023年2月14日）. A recovery plan for Europe.
参照先: https://www.consilium.europa.eu/en/policies/eu-recovery-plan/
15 Jean Monnet.（1976）. Mémoires. Fayard.
16 Council of the European Union.（2022年9月27日）. Infographic - Where does the EU's energy come from?
参照先: https://www.consilium.europa.eu/en/infographics/where-does-the-eu-s-energy-come-from/
17 European Commission.（日付不明）. REPowerEU.
参照先: https://commission.europa.eu/strategy-and-policy/priorities-2019-2024/european-green-deal/repowereu-affordable-secure-and-sustainable-energy-europe_en
18 Anu Bradford.（2020）. The Brussels effect: How the European Union rules the world. Oxford University Press.

19 McKinsey Global Institute.（2022年9月22日）. Securing Europe's competitiveness: Addressing its technology gap.
参照先: https://www.mckinsey.com/capabilities/strategy-and-corporate-finance/our-insights/securing-europes-competitiveness-addressing-its-technology-gap

20 Northvolt.（日付不明）. We are Northvolt.
参照先: https://northvolt.com/about/

21 Mathews Jessica.（1997年）. Power Shift.
参照先: Foreign Affairs: https://www.foreignaffairs.com/articles/1997-01-01/power-shift

22 European Parliament.（日付不明）. Lobby groups and transparency.
参照先: https://www.europarl.europa.eu/at-your-service/en/transparency/lobby-groups

23 European Commission.（日付不明）. Making trade policy.
参照先: https://policy.trade.ec.europa.eu/eu-trade-relationships-country-and-region/making-trade-policy_en

24 European Commission.（日付不明）. EU-Mercosur Trade Agreement.
参照先: https://policy.trade.ec.europa.eu/eu-trade-relationships-country-and-region/countries-and-regions/mercosur/eu-mercosur-agreement_en

25 European Parliament.（2020年10月7日）. European Parliament resolution of 7 October 2020 on the implementation of the common commercial policy – annual report 2018
参照先: https://www.europarl.europa.eu/doceo/document/TA-9-2020-0252_EN.html

26 Ambec, S, et al.（2020年4月7日）. Dispositions et effets potentiels de la partie commerciale de l'Accord d'Association entre l'Union européenne et le Mercosur en matière de développement durable.
参照先: https://www.gouvernement.fr/sites/default/files/document/document/2020/09/rapport_de_la_commission_devaluation_du_projet_daccord_ue_mercosur.pdf

27 Friends of the Earth Europe.（2019年6月17日）. 340+ NGOs call on the EU to immediately halt trade negotiations with

Brazil.
参照先: https://friendsoftheearth.eu/news/340-ngos-call-on-the-eu-to-immediately-halt-trade-negotiations-with-brazil/

28 Rainforest Foundation Norway.（日付不明）. European public opinion opposes Mercosur trade deal.
参照先: https://www.regnskog.no/en/news/european-public-opinion-opposes-mercosur-trade-deal

29 田中俊郎（２０１３年８月29日）ＥＵの法律はどのように決められていますか?
参照先: 駐日欧州連合代表部: https://eumag.jp/questions/f0813/

30 European Parliament.（日付不明）. Ordinary legislative procedure.
参照先: https://www.europarl.europa.eu/infographic/legislative-procedure/index_en.html

31 European Parliament.（日付不明）. Interinstitutional negotiations.
参照先: https://www.europarl.europa.eu/olp/en/interinstitutional-negotiations

32 Council of the European Union.（2022年10月28日）. Qualified majority.
参照先: https://www.consilium.europa.eu/en/council-eu/voting-system/qualified-majority/

第 3 章

EU、第三国に対策迫る
「環境」を錦の御旗に

欧州連合（ＥＵ）は普通の国とは違う。軍事力はほとんどなく、外交の権限も加盟国が大半を握る。だがＥＵは米中に並ぶ「グローバルパワー」になるべく動き始めた。最大の武器は、ＥＵが持つ通商分野での権限だ。権限を駆使し、他国に環境対策をとるよう圧力をかける。直近で最も関心が集まったのが、国境炭素税だ。十分な環境規制がない国からの輸入品に、事実上の「関税」をかける荒技だ。他国の反発を恐れず、「主張するＥＵ」をめざしている。

その対象は先進国や新興国のみならず、途上国にも及ぶ。「環境」を掲げれば、他国は表立って反対しにくく、世論も味方につけられる。そこには自国企業を守りながら、自らのルールを世界標準にして、国際舞台での影響力を高めようとするＥＵのしたたかさが見え隠れする。ＥＵは国際交渉の場を超えて、４億５０００万人の巨大市場を背景に、各国にＥＵ並の対策を求める。

第３章では、ＥＵが利用可能な政策をフル活用し、世界を舞台にその野心を実現しようとする動きを描く。

1　貿易は武器　EU、グローバルパワーへ

地政学的欧州委員会

21年7月に制度案を発表する前後から、EUに懸念を伝える声は公式、非公式に続々と届いていた。「一方的で差別的な貿易障壁の導入には重大な懸念を表明する」。中国やインドなど新興国でつくるBRICS5カ国は21年8月の環境相会合の声明で強く反発した[1]。日米など先進国はあからさまな反対はしないものの、EUに水面下では世界貿易機関（WTO）のルールに抵触するのではないかといった疑問を伝えていたという。ある欧州委員会の高官によると、日米からは制度設計や実際の運用がどうなるのか、問い合わせが相次いでいるという。

不安の対象は欧州委がぶち上げた国境炭素調整措置（CBAM=Carbon Border Adjustment Mechanism）だった。CBAMは国境炭素税ともいわれ、環境規制の緩い国でつくられた輸入品に事実上の関税をかける制度だ。温暖化ガスの排出が増える新興国を主に念頭に置いた制度だが、前代未聞の内容に世界各国の驚きと不安を高めた。

他国との摩擦をいとわない姿勢をとる背景にはEUのこんな決意がある。19年11月の欧州議会。欧州委員長の就任が認められるかどうかの議会での採決の直前、フォンデアライエン氏が欧州議員にめざすべきEU像を伝えるのに使ったのが「地政学的委員会(Geopolitical Commission)」[2]というキーワードだ。EUが国際社会でより積極的に行動し、存在感と影響力を高める考え方だ。フォンデアライエン氏は「世界はこれまで以上に私たちのリーダーシップを必要としている」「私たちはよりよい世界秩序の形成者になることができる」などと力説し、EUの中核である欧州委員会が、対外関係でも大きな役割を果たすとの決意を示した。EUの外交や安全保障分野の権限は乏しく、多くは加盟国が握っている。だが外交と経済政策を切り離すのは難しくなりつつあるいま、経済分野だけでなく、EUがより外交でも前面に出るべきだと考えた。

フォンデアライエン氏の前任であるジャンクロード・ユンケル氏は14年の就任時に「政治的委員会(Political Commission)」になると宣言した[3]。これには、重要課題は加盟国によって決められ、その実施機関に成り下がっていた欧州委を変革し、欧州委が政治的な決断をも下せる力を持たねばならない、との思いが根底にあった。ユンケル氏はルクセンブルク財務相としてユーロ圏財務相会合の議長を務め、同国首相の経験もある老練な政治家だ。豊富な経験を生かし、ドイツのメルケル首相やフランスのオランド大統領と渡り合い、債務危機や難民危機を何とか乗り切るなど、EUの政策を主導した。いわばユンケル氏は対加盟国との関係でEUの存在感を拡大し、フォンデアライエン氏は国際社会でのEUの影響力増大を追求しようとしていると言える。

普通の国ではないEUが米国や中国と肩を並べられるのか。もちろん軍事・安保面でEUが超大国になることはないだろう。だが「ハードパワー」だけでなく、価値観や政策、文化といった「ソフトパワー」の重要性が増すなか、EUが一段と飛躍できる余地はある。英国はEUを離脱したが、かつてブレア首相はEUが米国の経済的、政治的な強さに匹敵する世界の超大国になれるとの見解を披露した。イタリアのレッタ元首相は21世紀の世界的な課題として移民と技術、気候変動をあげ、これらの問題に取り組むなかでEUがグローバルで人道的な大国になる可能性があると主張した。EUは環境をテコに、世界のグローバルパワーになろうとしている。CBAMはその柱と言える。

主張するEU

EUはグローバルパワーになるべく、貿易をフル活用し始めた。通商分野は加盟国よりもEUに与えられた権限が大きく、裁量が大きい。この分野からEUが、世界のプレーヤーになるとの野心がにじみ出ている。「我々の武器は貿易だ」。欧州委員会のある幹部は取材に力を込めた。

21年2月、欧州委が今後数年の通商戦略を盛り込んだ文書を公表した[4]。その表題には「open（開かれた）」「sustainable（持続可能な）」というEUが好む形容詞に加え、見慣れぬ表現が載っていた。「積極的な」や「自己主張する」という意味の「assertive」という単語は、EUが姿勢を転換させたことを意味した。通商政策を担当するドムブロフスキス上級副委員長は力説した。「通商政策は、EUと世界経済のグリーンとデジタルの移行で、十分な役割を果たす必要がある」。その上で「EUは不公正な貿易慣行から自らの利益を追求し、我々の価値を守るためにもっと声を上げていくことになる」と訴えた。

通商政策を通じて、域外でもEUの目標実現を推し進める決意を示した格好だ。以前は性善説で他国に甘かったEUがより厳しい姿勢をとるようになる。通商政策はすべての分野と密接に絡むため、人権やデジタルといった分野も含まれるが、環境分野でのEUの考え方はこうだ。今後、世界が気候変動対策を加速させるのは確実だ。ましてや産業革命以降、工業化をいち早く進めたため、欧州は温暖化の大きな責任を負う。非政府組織（NGO）や途上国からの風当たりは一段と強まる可能性がある。それを踏まえれば、気候変動対策のリーダーシップをとるとともに、EUの政策を世界標準にするよう動いた方が得だ。「環境対策」との錦の御旗があれば、相手国や企業は簡単には反対しづらい。EUのルールに従わなければ、相手国や企業は4億5000万人のEU市場に輸出できなくなるなどの不利益を受ける可能性がある。EUはこれをテコに、EU並の対策を相手国にも迫る。

この姿勢には2つの側面がある。1つはEUだけが温暖化対策を進めても大きな意味はないという点だ。EUは先進国として過去20年にわたって温暖化ガスの排出削減に取り組んできた一方、新興・途上国は経済成長に伴って排出を増やしてきたため、EUの世界の排出量に占める比率はそれほど多くない。国際エネルギー機関（IEA）によると、EUの二酸化炭素（CO_2）シェアは8%ほどだ。世界全体で温暖化ガスを減らすにはEUだけが減らしても、実効性に乏しい。33%の中国や13%の米国に加え、急速に増えているインド（7%）も含め、地球規模で気候変動対策を進めることが欠かせない。

NGOは脱化石燃料を強く主張する（ブリュッセル）

地球温暖化対策の国際枠組み「パリ協定」の目標達成など世界の環境対策の推進はEUの重要なテーマだが、もちろんそれだけではない。厳しい温暖化対策は域内の

図表 3-1　世界の CO_2 排出量の割合（2020 年、エネルギー起源 CO_2）

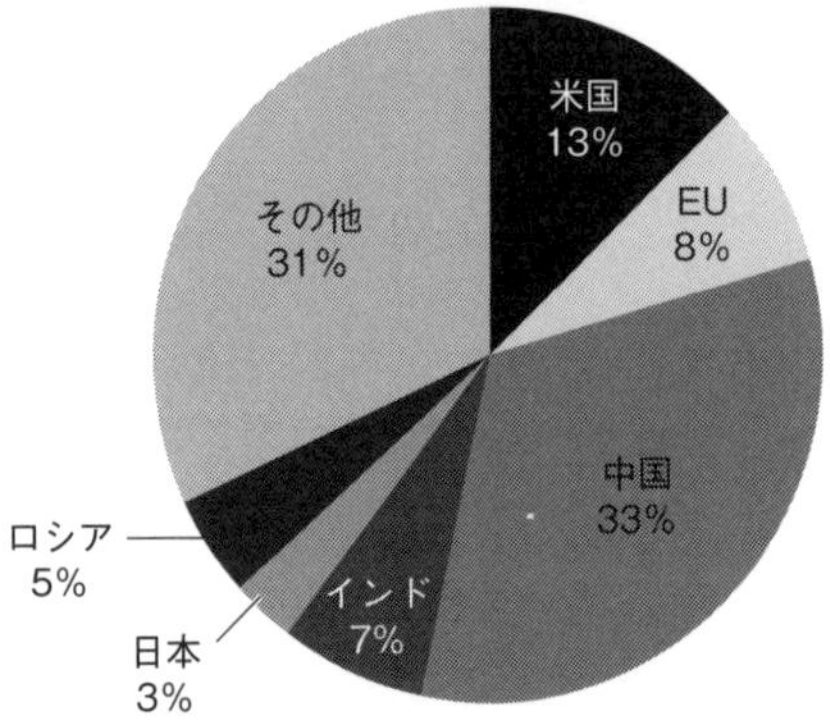

出所）IEA

企業などから不満が出る可能性がある。他国に排出減を求めることは、EU域内と域外で、公平な競争環境を確保することになる。化石燃料を使ってつくる従来型の製品と、最新技術を用いてつくられた省エネ製品では、製造コストに差がある。EUが厳しい規制で域内の企業に技術革新への投資を迫る一方、域外の廉価な製品が流入していては、企業の競争力に格差が出かねない。

FTAに環境章

EUが貿易を活用する素地は整っている。EUが近年になって結んだ自由貿易協定（FTA）は「新世代のFTA」と呼ばれる。EUはかつて世界貿易機関（WTO）を中心とした世界規模での貿易自由化をめざす一方、FTAを途上国支援のツールとして活用してきた。だがWTOの多角的通商交渉（ドーハラウンド）の行き詰まりが鮮明になった10年ごろ、ＥＵは２国間の通商交渉にカジを切る。その後に結ばれたＦＴＡを「新世代」と呼ぶ。特徴の１つが、環境保護に努めることなどを明記した貿易・持続可能な開発（ＴＳＤ）章を設け始めたことだ。ＴＳＤ章には環境対策に加え、人権や労働を尊重する規定も含まれる。

　ＥＵは10年にまとめた通商戦略に「持続可能な経済成長」を柱の１つに据え、貿易を通じて地球環境を保護する方針を前面に出した[5]。以降、15年や21年の新しい通商戦略で一段とその姿勢を強めてきた。実際にＥＵが結んだ韓国や日本、シンガポール、ベトナムなどの貿易協定のほとんどにはＴＳＤ章が入っている。例として日本とＥＵの経済連携協定（ＥＰＡ）のＴＳＤ章を見てみると、パリ協定の実現に向けて、日ＥＵが協力することなどがうたわれている。

2018年7月にEU首脳が来日し、日欧EPAに署名。日EU間のEPAには環境対策を規定した章がある（ロイター / アフロ）

　そしてブラジル、アルゼンチン、ウルグアイ、パラグアイの南米４カ国からなるメルコスル（南米南部共同市場）も例外ではない。前章で触れたが、ＥＵとメルコスルのＦＴＡは大筋合意済みで、ＴＳＤ章にはパリ協定の尊重や森林破壊の防止に努めることなどが盛り込まれている。ブラジルの森林減少のペースが速いことから、ＥＵや加盟国、非政府組織（ＮＧＯ）はＦＴＡが発効しても、そのＴＳＤ章が守られないのではないかとの疑念を強め、欧州議会の批准手続きの拒否につながったといえる。今後はＥＵ側がメルコスルにすでに合意した文書以上の対応をするとの確約を得た上で、発効に向けた協議を続けることが現実的とみられる。ブラジル大統領が気候変動に懐疑的なボルソナロ氏からルラ氏に代わったことで発効に向けて前進する可能性がある。

メルコスルとの交渉で浮かび上がったのが、ＴＳＤ章は理念的で「実行力が伴っていない」という問題点だ。この教訓から欧州委員会は22年6月、ＴＳＤ章の執行力を強化する政策文書を公表した[6]。ＥＵが、協定の相手国がＴＳＤ章をしっかりと履行しているか監視を強化した上で、違反が確認された場合は制裁を可能にするよう提案した。制裁の詳細は明らかにされていないが、関税の引き上げなどとみられている。その規定を盛り込んだ第1号がニュージーランドだ。22年6月末に大筋合意したニュージーランドとのＦＴＡには、関税の引き下げや非関税障壁の削減に加え、パリ協定と労働関連の権利の尊重をうたいながら、関連条約に大きく違反した場合には、最後の手段として貿易制裁による強制力を利用できることを確認した。ＥＵは今後のＦＴＡにはこうした規定を盛り込むよう交渉で訴える方針だ。既存のＦＴＡでも、改定時には同様の主張をする構えだ。

2　激震、国境炭素税　世界に炭素価格の導入迫る

規制緩い国の製品に「関税」

21年7月、欧州委は30年までに域内の温暖化ガスの排出量を90年比55％減らす目標を実現するための包括案を発表した[7]。ハイブリッド車を含むガソリン車などCO_2が排出される新車販売を35年に事実上禁止する方針は、日本企業にも直接影響を与えるだけに最も注目を集めたが、日米中など他国がとりわけ神経質になっていたのが、国境炭素調整措置（CBAM）だった。

CBAMは国境炭素税ともいわれ、環境規制の緩い国でつくられた輸入品に事実上の関税をかける制度だ。当初は鉄鋼、アルミニウム、セメント、電力、肥料、水素の6製品を対象とする。23年10月からの3年間を移行期間として暫定的に始め、事業者に製品の生産や排出量などの報告義務を課す。26年にも本格導入され、支払いが発生する見通しだ。欧州委は30年時点でCBAMに関連する収入を年91億ユーロと見込む。22年12月には欧州議会と理事会が合意し、正式に導入が決まった。

図表 3-2　国境炭素調整措置のイメージ

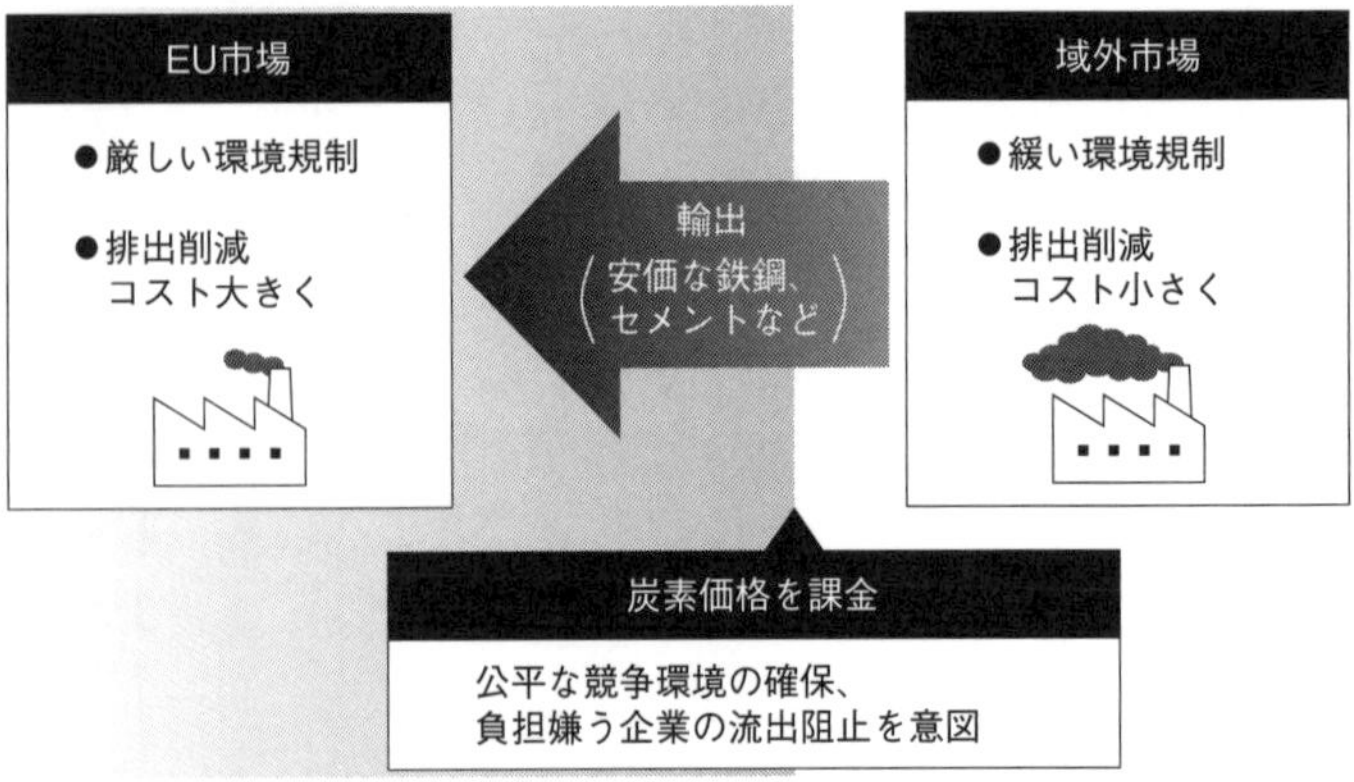

制度の目的は大きく2つある。1つ目はEUの域内外で公平な競争環境を確保することだ。温暖化ガス排出削減の厳しい目標を持つEUと規制の緩い地域では、同じ製品をつくるにしてもコストに差が出る。規制の緩さを利用して廉価な製品がEUに流入すれば、EUに拠点を置く企業に打撃になる。EU企業が厳しい規制を嫌って域外に流出する「カーボン・リーケージ」の可能性が高まってしまう。

2つ目は、EUの貿易相手国に対して、環境規制を強化するなど地球温暖化対策を一段と促すことだ。「第三国の生産者が排出を減らすインセンティブになる」。欧州委の担当者はこう強調する。EU域外の事業者がEUに製品を輸出するために排出減実現のために投資を増やすなどの努力をするというわけだ。EU並みの気候変動対策をとっていれば制度の対象にはならないと説明するが、逆に言えばEU

並の対策を要求するともいえる。

厳しい環境規制で競争力の低下を懸念する欧州の鉄鋼やセメント業界などは制度の導入を支持する一方、中ロや日米などの域外国は懸念を示してきた。日本政府関係者はこんな疑問を投げかける。「EUだけでやっても、世界を敵にまわす可能性があるのではないか」。「EUの基準に合わせよ」と一方的とも言える措置は、各国から戸惑いとともに反発に似た声が聞かれる。とりわけ、制度の標的とみられる新興国からは反発があがる。EUの輸入に占める割合を見ると、肥料では3割強をロシアが、鉄鋼ではトップ3に中国、ロシア、トルコが名前を連ねる。

他国から反発と戸惑いが漏れるが、EUも世界を敵にまわそうと思っているわけではない。ティメルマンス上級副委員長は21年9月の日本経済新聞とのインタビューで、日本がCBAMの対象になることは「ほとんどあり得ない」と語った。その理由は、省エネなどの日本の先進的な技術が導入されているため、EU並の対策がとられているからだという。しかも当初の対象である鉄鋼、アルミニウム、セメント、電力、肥料、水素は日本からの輸入は少ない。別のEU高官も同6月の取材に「50年に温暖化ガス排出の実質ゼロを宣言した先進国を念頭に置いた制度ではない」と述べた。

とはいえ、制度案の設計を見ると、日本が完全に除外されるとは言い切れない。まず日本企業の海外拠点の輸出も対象になり得るという点だ。そして対象製品はいずれ拡大される可能性がある。欧州議会からは化学品などに加え、将来的には自動車などにも広げるべきだとの声が聞かれる。

合意された規定によると、EU域外の事業者が環境配慮が十分でない手法でつくった対象製品をEUに輸出する場合、EUの排出量取引制度に基づく炭素価格を支払う必要がある。事業者は年間の輸出総量と排出量を申告し、その分のCBAM証書を購入する。これはEUの排出量取引制度の価格に応じて金額が決められ、EU内で製品をつくった際の負担と同じになる。

重要なのは、生産国で炭素価格を支払っていれば、その金額分が免除される仕組みがあることだ。この認定については、現行案では炭素税や排出量取引に基づく明示的な炭素価格が対象となる可能性が高い。全国共通の排出量取引や炭素税を導入していない日米では明示的な炭素価格は現段階では事実上ないと言え、EU並の環境対策をしているとデータで示すのが難しい可能性がある。EUでは排出量取引に基づいて、CO_2を出す権利「排出枠」の価格が日々公開される。データで示せなければ、支払う価格の免除を一部あるいは全面的に受けられないリスクがある。

単独か協力か　米などでも検討の動き

ＣＢＡＭの導入をめざす動きはＥＵ以外にもある。ＥＵからわずかに遅れて、米国では民主党の有力議員が24年からの導入をめざす法案を公表した。徴収する金額の算定根拠がＥＵと異なるなど内容に差はあるが、政策の考え方は同じだ。先進国でつくる経済協力開発機構（ＯＥＣＤ）や国際通貨基金（ＩＭＦ）などでも将来の国境炭素調整に道を開く炭素価格の研究が進む。だがいずれもＥＵの制度案に比べれば、詳細が煮詰まっていない。これがＥＵが単独で実行に踏み切ろうとする理由になっている。先行実施すれば、ＥＵがルールメイキングで先手をとれる。ＣＢＡＭは制度設計が複雑なため、ルールをどうつくるかが制度の実効性を高める上で重要となる。ＥＵがフロントランナーになれば、後から加わるメンバーも基本的にはＥＵに追随する可能性が高く、ＥＵルールが世界標準になるからだ。

一方で「他国との協調を模索すべきだ」との主張もある。ＣＢＡＭは保護主義的な措置で、ＷＴＯのルールに違反しているといった批判は根強く、ＥＵ内にも貿易摩擦につながりかねないとの懸念もある。とりわけトランプ米政権時代に通商問題を巡って関係が冷え込んだ米国に対して、フォンデアライエン欧州委員長は21年6月のバイデン大統領との首脳会談でCBAMを巡って意見交換することに同意し、配慮を見せた。22年12月には、米国とEUがCO_2の抑制と過剰生産に対応するため、中国の鉄鋼とアルミニウムに新たな関税をかけることを検討しているとブルームバーグ通信が報じた[8]。

EUだけでなく、日米など先進国陣営でCBAMを導入しようとする構想もある。ドイツ・エルマウで開かれた主要8カ国（G7）の首脳会議での合意を受け、G7は22年12月に「気候クラブ」の設立で合意した[9]。議長国ドイツのショルツ首相の肝煎りで盛り込まれたアイデアだ。首脳声明では「産業の脱炭素化に焦点を当てることによってグリーン成長を引き出すことに貢献する」と曖昧に書かれているため詳細は読み取りにくいが、ショルツ氏が財務相時代の21年8月に公表した文書はより具体的だ[10]。これによると、ショルツ氏は有志国で共通の炭素価格の設定やカーボン・リーケージの対策としてのCBAMでの協調を視野に協力を深める構想を温めていた。先進国が組めば、新興国に温暖化対策の強化を促す圧力になるからだ。もっともG7首脳会議ではCBAMに関しての理解は深まらず、気候クラブでは新興国や途上国を含めた対話を深めることで合意するにとどまった。先進国内でもCBAMの構想が共有されていないことが改めて示された。

足元ではEUが単独でCBAM導入に踏み切る環境になりつつある。制度は23年に開始するとはいえ、当初の3年間は具体的な排出量の報告にとどまる試行期間だ。「関税」に当たる金額の徴収はない。今後の議論の進展次第ではまだ方針転換は可能な状況といえ、将来は国境炭素税を持つ国同士の同盟ができることもあり得る。EUが強気の姿勢をとるのは、自らが世界で最も厳しい気候変動対策をとっているとの自信に基づくものだ。日米や新興国はEU並の対策をとっているとEUを納得させる必要がある。

アメの政策も　念頭には対中国

ムチだけでなく、アメとなる政策も用意している。その一つは環境・気候変動対策などを含むインフラ支援だ。EUの「グローバル・ゲートウェー」戦略は、21～27年に3000億ユーロ規模を活用し、途上国を中心にインフラ整備を支援する[11]。新型コロナといった感染症などの健康分野やサプライチェーン(供給網)の整備に加え、環境や気候変動問題への対応も対象になる。前面に出すのは「持続可能性」というキーワードだ。インフラ整備が環境に悪影響を与えないよう配慮を十分にすることから、支援対象国が返済可能な条件で援助するなどの財政への目配りまでを含む。

このインフラ支援の枠組みは中国の広域経済圏構想「一帯一路」への対抗策にほかならない。フォンデアライエン氏は「EUは民主主義的価値観と国際的な基準に沿って、質の高いインフラ投資を支援する」と説明する。中国では、返済能力などを軽視した過大な融資の結果、途上国が「債務のわな」に陥る事例が相次いでいる。スリランカのハンバントタ港では、中国が17年に99年間の租借権を獲得したことが、世界に大きなインパクトを与えた。

欧州にも一帯一路の影響は強まっている。16年にはギリシャのピレウス港の運営権を獲得したほか、21年にモンテネグロは、中国が支援する高速道路整備事業に絡み、中国から受けた融資の借り換え返済をEUに要請した。同国が位置するバルカン半島はかつてユーゴスラビア紛争が起きた要衝の地だ。EUとしては欧州の一部として影響力を保持しておきたいとの思いが強い。一方でバルカン諸国はまだEUに加盟しておらず、中国やロシアが経済や軍事的な影響力を行使しやすい面がある。それゆえEU加盟国とは異なり、必ずしも西側諸国寄りではなく、中国やロシアになびく国も少なくない。グローバル・ゲートウェー構想は中国やロシア、トルコといった大国がひしめき合う地域で、EUが欧州近隣での影響力を保持する狙いもある。

しかも、環境の視点からも問題が報告されている。とりわけバルカン半島にある国々では、セルビアで22年、工場建設に抗議するデモが起きたほか、ボスニア・ヘルツェゴビナで21年、中国がかかわる石炭火力発電所の建設への抗議活動も起きた。EUには、一帯一路に関連する事業での環境や建築基準への対応が不十分との見方は強い。

投資対象は、デジタル関連に加え、再生エネや省エネなどの気候変動対策、鉄道や道路、空港といったインフラ整備だ。太陽光や風力の支援でいえば、中国なども手掛けている。EUが中国との違いを出すのは、例えば、鉄道などのインフラを計画する際に、建設工事による環境への影響軽減やCO_2排出の少ない運営手法の導入などだ。

もちろん、強大な資金力を誇る中国に、EU単独で対抗できるのかは疑わしい。EUを含む主要7カ国首脳会議（G7サミット）は21年6月、財政や環境の持続性を考慮しながら途上国や新興国にインフラ支援を実施することで合意した。日米などと協力して、質の高いインフラ展開をめざす。高い技術を持つEU企業の、インフラ事業への進出を後押しできる面もある。

EUはアフリカには足がかりがあるが、世界の成長センターのアジアには乏しい。「アフリカは距離が近く、フランスを筆頭にドイツ、イタリア、ポルトガルなど影響力の多い国がEUにあるが、アジアは違う。パートナーなしで単独で出て行くのは難しい」。EUの高官が取材で語ったのは、21年5月のEUとインドの首脳会議（オンライン）の直前だった。EUはこのとき、インド太平洋戦略の策定に向けた準備に入っており、アジアに視線を向けつつある時期だった。

EUがアジアを重視することの「理念的」と「実利的」な理由を考えてみると、まず理念面では、権威主義的な中国の勢力の拡大が挙がる。東南アジアや南アジア、中央アジアなどに強力な経済力をテコに影響力を強め、EUが重視する民主主義や人権といった基本的な価値が後退しかねない。南シナ海での安保上の緊張を高めるような行為は航行の自由など法の支配も後退させているとの懸念がある。

実利的な面はやはりアジア太平洋地域の経済成長の果実を得たいということだ。世界のGDPの約60%を生み出し、成長の3分の2に貢献するのはアジアだ。30年までに新たに加わる中間層のうち、90%がアジアから出るとの予測もある。世界の成長センターにEUが積極関与すれば、EUの成長につながる。中国などの必ずしも環境に優しくない技術ではなく、「欧州企業が最先端の技術を提供することで、環境への影響を抑えながら成長できる」(EU高官)。

とはいえ、EUにはアジアに確固とした足場がない。それゆえ、パートナーを探し、協力しながらアジアに進出する戦略をとる。その第1号が日本だ。19年、日本とEUは「連結性パートナーシップ」を結び、主に第三国でのインフラ整備で協力することで合意した。地域はバルカン諸国からアジア太平洋諸国まで幅広く、低炭素エネルギーへの転換や、データインフラなどのデジタル移行を支援する。そして2番目のパートナーが21年5月の首脳会議で合意したインドだった。日本とインドというアジアの2大民主主義国と手を組むことで、中国などに対抗しながら、アジアのグリーン転換を進める。

3　貿易で圧力　様々なツール活用

森林保護なければ貿易停止

21年4月、世界自然保護基金（WWF）から興味深い報告書が公表された[12]。世界の森林を破壊しているのはどの国・地域なのかを分析した内容だ。17年のデータをもとに試算したところ、EUは国際貿易を通じて世界の森林破壊の16％の責任を負っていることが分かった。約20万ヘクタールの面積の森林が失われ、1億1600万トンのCO_2を発生させた。ざっとEUの年間排出量の3～4％に相当する。中国の24％に次ぐ2位で、インドや米国、日本を上回った。

大豆やパーム油、牛肉などの輸入が主な要因で、輸出国側は森林を伐採して耕地を増やしたりして生産量を増やそうとする。EU内の森林は減っていなくても、貿易を通じて世界の森林減少に影響を与えているというわけだ。気候変動に関する政府間パネル（IPCC）によると、農業などから出る温暖化ガスは全体の23％を占め、決して無視できる数値ではない。

森林はCO_2を吸収し、貯蔵する一方、酸素を供給する。パリ協定では植林をすれば、排出を減らしたと見なすことが認められている。森林がなくなれば大気中のCO_2が増えることになり、温暖化対策とは逆行してしまう。現実として世界の森林は減少を続けている。国連食糧農業機関（FAO）によると、20年の森林面積は約40億ヘクタールで、この30年間で4％減った。そこでEUが考えたのが、EUへの輸入を手掛ける事業者に森林破壊防止を目的としたデューデリジェンスを義務化する対策だ。事業者は森林破壊に伴う農地でつくられた作物をEUに輸出することが不可能になる。

制度の対象となるのは大豆、パーム油、牛肉のほか、木材やカカオ、コーヒーなどで今後対象品目は拡大される見通しだ。事業者は対象製品がどこで生産されたか細かな地理情報や収穫日などの情報を収集した上で、相手国の法律に従って生産されたことなどを証明する書面をEU加盟国に提出する。欧州委は法案が施行されれば森林の破壊と劣化を防げるとして、年約3200万トンのCO_2の排出削減につながるほか、32億ユーロの費用の節約になると見積もる。違反には、加盟国が罰金を含む罰則規定を設ける。

EUは公には口にしないものの、制度の念頭にあるのがブラジルやインドネシアなどの森林大国だ。特にブラジルでは急速な森林減少に直面しており、ブラジルの宇宙機関によると、22年1～6月に約4000平方キロメートルの森林が消失し、この7年で最大となった。生態系への影響は計り知れない。21年に英グラスゴーで開かれた第26回国連気候変動枠組み条約締約国会議（COP26）では100カ国以上が30年までに森林破壊を止める宣言に署名した

途上国にも対策要求

貿易で環境対策を求めるのは先進国や新興国にとどまらず、発展途上の貧しい国々にも及ぶ。EUは一般特恵関税（GSP）という制度を活用して、アジアやアフリカ諸国にも気候変動対策を求めている。この制度の歴史は長く、71年に始まった。対象国からの輸入関税を優遇し、途上国の経済発展を促すのが目的だ。

GSPは3種類ある。1つは標準的なGSPで、低・中所得国を対象に品目の3分の2の関税を減免する。2つ目はGSP＋（プラス）で、労働や人権、環境・気候変動などに絡む条約を批准する低・中所得国を対象に関税をゼロに引き下げる。3つ目は「EBA」（Everything but Arms）と呼ばれ、後発発展途上国（LDC）が対象で武器以外の製品の輸入を無税で認める。22年1月時点の対象国は標準GSPがインドやインドネシアなど11カ国、GSP＋がボリビアやモンゴルなど8カ国、EBAはアフリカやアジアを中心に46カ国、

国になっている。以上の説明から分かるように、環境対策につながる仕組みは現状ではGSP+に限られる。EUは環境保護の側面を強めようと、制度の拡充に動いている。

21年9月、欧州委員会は24年から34年にかけてのGSP制度の改正案を公表した[13]。EBAの国数が多いことを踏まえ、経済成長によってLDCから卒業する際にGSP+に移行するよう促すのが1つ目の柱だ。もう1つはGSP+の執行の強化だ。批准が必要な条約を27から32に増やすのに加え、重大な条約違反があれば特恵関税の付与を停止できるようにする。もともと人権関連の条約違反の際に適用されていたが、パリ協定など環境関連の条約にも停止措置をとれるよう拡大する。

「新たなGSP制度案は、人々に経済的な機会を提供するだけでなく、持続可能な開発と普遍的な価値を世界に広げるために貿易を活用する我々の能力を強化してくれる」。EUの外相に当たるボレル外交安全保障上級代表はこう力説した。4億5千万人を抱えるEUの市場は途上国にとって魅力的だ。低関税で輸出できれば、高い価格で販売でき、自らの収入増につながる。途上国にとって、人権や環境の条約を守ることで、EUへの輸出増というインセンティブになる。

企業、取引先の環境対策の監視も義務に

貿易を実際に担うのは企業だ。ＥＵはそこにも網をかけようと動いている。欧州委は22年2月、企業に事業活動での人権侵害や環境破壊の防止を義務付ける法案を公表した[14]。いわゆる「デューデリジェンス」と呼ばれる制度だ。

重要なのは取引先などサプライチェーン（供給網）も対象になることだ。途上国で原材料を調達したり、部品を確保したりする企業は自社工場だけではなく、幅広い調査が必要になる。もともとドイツやフランスなどで、こうした制度を取り入れる動きがあったが、ＥＵ全体として持続可能な成長をめざすことを踏まえ、ＥＵ共通のルールが必要と判断した。この法案は指令案のため、ＥＵで法律が成立したのち、各国は議会などで立法手続きをすることになる。

企業はまずデューデリジェンスの基本方針を制定する。その上で人権や環境面で起こりうる悪影響を特定し、問題が起きそうだったり、実際に起きていたりした場合は予防や是正措置をとる。具体的な取り組みを公表する義務も負う。労働者や市民団体が企業に苦情を申し立てられる環境も整備しなければならない。

ＥＵ域内外の規模が大きい企業が対象となる。例えば域内の企業は世界での年間売上高

が1億5000万ユーロで、従業員が500人を超えればグループ1に分類される。年間4000万ユーロ、従業員が250人超で、繊維や鉱業、農業など過去に問題が多く起きている特定の業種の企業はグループ2になる。域外企業はEU域内での売上高が1億5000万ユーロを超えるなどした場合はグループ1となり、日本企業も対象になる。欧州委によると、EU企業ではざっと1万4000社、域外企業では4000社が対象になりそうだ。

企業がデューデリジェンスの根拠として順守するのは、人権関連の条約に加え、環境分野では生物多様性条約や絶滅のおそれのある野生動植物の種の国際取引に関する条約（ワシントン条約）などだ。さらにグループ1の企業はパリ協定に明記されている「産業革命からの地球の気温上昇を1・5度以内に抑える」目標に整合的な計画をつくらなければならない。違反が確認されれば、加盟国が罰金を科せるほか、是正命令を出せる。加盟国は、被害を受けた人々が企業に損害賠償を請求できるよう法整備を進める。

パリ協定

COLUMN

15年11月30日、パリ郊外に設けられた第21回国連気候変動枠組み条約締約国会議（COP21）の会場は異様な雰囲気に包まれていた。およそ半月前に100人以上が命を落としたパリ同時テロが起き、警備は厳戒態勢が敷かれた。当時、パリ支局長として現地で取材した筆者は、議長国フランスのオランド大統領が「テロと地球温暖化という2つの戦いに打ち勝たねばならない」と語ったのを覚えている。

このCOP21で、20年以降の地球温暖化防止の国際枠組み「パリ協定」は採択された。簡単にいえば、世界で温暖化対策を進めるための取り決めだ。大きな目標として、世界の気温上昇を産業革命前から2度未満に

長時間の交渉の末、パリ協定は15年12月に採択された（新華社/アフロ）

抑え、できれば1・5度以内をめざすことだ。そのために、世界の温暖化ガスの排出をできるだけ早く頭打ちさせ、21世紀後半には排出量と吸収量をバランスさせる。排出量と吸収量のバランスの表現はわかりにくいが、排出を実質ゼロにするという意味だ。

パリ協定は1997年に採択された京都議定書の後継に位置づけられる国際条約だが、2つの点で大きく違う。まず、排出削減に取り組む参加国の範囲だ。京都議定書は先進国だけが温暖化ガスの排出削減義務を負った。これは、温暖化は工業化を推し進めた先進国の責任が大きい一方、発展途上国はなお工業化を進め、生活を豊かにする権利があるという考えに基づく。とはいえ、90年代には中国はすでに急速に経済発展しており、米国は中国が義務を負わない国際枠組みは不平等だとして、ブッシュ政権時代に批准を拒否した。

結局、日欧など当時の世界の排出で3分の1を占める国々が義務を負うだけにとどまり、実効性の面で大きな疑問を残した。パリ協定は、すべての国が参加する点で画期的といえる。排出が急増している中国やインドも削減に取り組むことになり、いくつかの差はあるものの、先進国と途上国がひとまず同じ土俵に立った。

2つ目は、排出削減目標の設定手法だ。京都議定書は、EUが90年比8％減、日本が同6%と交渉で数値が決まる「トップダウン型」で目標が定められた。だが公平性の点で不満が強かったため、パリ協定では「ボトムアップ」のアプローチを採用した。これはプレッジ&レビュー方式と呼ばれ、各国がそれぞれ国情に配慮しながら、自主的に削減目標を定め、定期的に専門家に進捗具合の検証を受ける手法だ。

京都議定書は削減目標を守らなければ罰則規定があった。一方で、パリ協定は目標をつくって国連に提出するのは義務だが、目標を守れなかったからといって罰則があるわけではない。それゆえ、各国が緩い目標を設定してしまうという批判もあったが、すべての国の参加を確保するための苦肉の策と言えた。少しでも実効性を高めようと、目標は5年ごとに更新することも盛り込んだ。現在、各国は30年の目標を提出済みだ。

参照文献

1 BRICS.（2021年8月27日）. New Delhi Statement on Environment.
参照先: https://static.pib.gov.in/WriteReadData/specificdocs/documents/2021/aug/doc202182731.pdf

2 Ursula von der Leyen.（2019年11月27日）. Speech in the European Parliament Plenary Session.
参照先: https://ec.europa.eu/info/sites/default/files/president-elect-speech-original_1.pdf

3 European Parliament.（2020年1月）. The von der Leyen Commission's priorities for 2019-2024.
参照先: https://www.europarl.europa.eu/RegData/etudes/BRIE/2020/646148/EPRS_BRI(2020)646148_EN.pdf

4 European Commission.（2022年2月18日）. Commission sets course for an open, sustainable and assertive EU trade policy.
参照先: https://ec.europa.eu/commission/presscorner/detail/en/ip_21_644

5 European Commission.（2010年11月9日）. Trade, Growth and World Affairs, Trade Policy as a core component of the EU's 2020 strategy.
参照先: https://ec.europa.eu/commission/presscorner/detail/en/ip_21_644

6 European Commission.（2022年6月22日）. Commission unveils new approach to trade agreements to promote green and just growth.
参照先: https://ec.europa.eu/commission/presscorner/detail/en/ip_22_3921

7 European Commission.（2021年7月14日）. European Green Deal: Commission proposes transformation of EU economy and society to meet climate ambitions.
参照先: https://ec.europa.eu/commission/presscorner/detail/en/ip_21_3541

8 Jenny Leonard, Alberto Nardelli and Jorge Valero（2022年12月6日）. US, EU Weigh Climate-Based Tariffs on Chinese

Steel and Aluminum.
参照先:https://www.bloomberg.com/news/articles/2022-12-05/us-eu-mull-climate-based-tariffs-aimed-at-china-steel-aluminum?sref=Hr0eYwNO

9 外務省（２０２２年12月13日）Ｇ７首脳テレビ会議
参照先: https://www.mofa.go.jp/mofaj/ecm/ec/page6_000790.html

10 German Finance Ministry.（2021年8月）. Steps towards an alliance for climate, competitiveness and industry – building blocks of a cooperative and open climate club.
参照先: https://www.bundesfinanzministerium.de/Content/EN/Downloads/Climate-Action/key-issues-paper-international-climate-club.pdf?__blob=publicationFile&v=4

11 European Commission.（2023年3月）. Global Gateway.
参照先: https://commission.europa.eu/strategy-and-policy/priorities-2019-2024/stronger-europe-world/global-gateway_en

12 WWF.（2021年4月14日）. EU consumption responsible for 16% of tropical deforestation linked to international trade - new report.
参照先: https://www.wwf.eu/wwf_news/media_centre/?uNewsID=2831941

13 European Commission.（2021年9月22日）. Commission proposes new EU Generalised Scheme of Preferences to promote sustainable development in low-income countries.
参照先: https://policy.trade.ec.europa.eu/news/commission-proposes-new-eu-generalised-scheme-preferences-promote-sustainable-development-low-income-2021-09-22_en

14 European Commission.（2022年2月23日）. Just and sustainable economy: Commission lays down rules for companies to respect human rights and environment in global value chains.
参照先: https://single-market-economy.ec.europa.eu/news/just-and-sustainable-economy-commission-lays-down-rules-companies-respect-human-rights-and-2022-02-23_en

第4章

米中を動かせ
国際交渉最前線

地球温暖化対策の世界のルールは国連の交渉で決まる。そこでは自らに有利になるようなルールにしようと、国益をかけて各国が激論を交わす。温暖化はもはや各国の最優先課題となり、首脳が直接取り組む問題になった。200近い国が参加する交渉の根底にあるのは「先進国」と「途上国」という区分けだ。温暖化は先進国に責任があり、先進国が率先して対策を進めるべきだ、という考え方は根強い。

交渉で最も重要な参加国は、温暖化ガスの排出の2大国である米国と中国だ。両国なしに実効性のある排出削減は実現できない。交渉は両国を中心に進むが、両国だけですべてを決められるわけではない。国土水没の危機に瀕する島しょ国や、世界最大の人口大国になるインド、そして産油国の発言力も大きい。世界の温暖化対策を主導してきたと自負するEUは交渉のとりまとめに奔走する。

この章では国連交渉の仕組みと流れを見た上で、環境問題の重要性が高まるなか、各国が実際にどんな立場で交渉に臨んでいるのかを概観する。

1「環境」、国際政治の中心に

ＣＯＰに首脳が続々

Brazil is back! 22年11月にエジプトの紅海沿岸シャルムエルシェイクで開かれた第27回国連気候変動枠組み条約締約国会議（ＣＯＰ27）の会場は、効き過ぎた冷房とは逆に、熱気に包まれていた。16日に姿を現したのは、10月末のブラジル大統領選で勝利したルラ氏だ。初の外遊先にＣＯＰ27を選び、会場では同氏の話を聞こうと多くの人が集まった。ルラ氏は「世界が奈落の底に進むのを止めなければならない」として、世界最大の熱帯雨林であるアマゾンの保護などを最優先課題にすると表明し、25年に開催予定のＣＯＰ30の誘致に意欲を示した。

大統領選で敗れた現職のボルソナロ氏は「ブラジルのトランプ（前米大統領）」とも呼ばれ、気候変動懐疑派として知られた。森林火災や違法伐採への十分な対応をとらず、森林減少のペースはボルソナロ政権で加速した。地球温暖化防止の国際枠組み「パリ協定」からの脱退を示唆するような発言をしたこともある。ルラ氏の大統領復帰で、大国であるブ

エジプトのシャルムエルシェイクで開かれたCOP27

ラジルが気候変動対策の積極路線に転換することになり、会場参加者のみならず、多くの国々が歓迎した。

ルラ氏がエジプトを訪れる数日前。中間選挙を終え、バイデン米大統領が滞在3時間という強行軍で駆けつけた。ＣＯＰ27の冒頭で開催された「リーダーズセッション」には１００人超の首脳が参加した。もともとＣＯＰは閣僚級の会議で、首脳が集まったのは節目の年だけだ。09年にコペンハーゲンで開かれたＣＯＰ15、15年にパリ協定が採択されたＣＯＰ21、そしてパリ協定に基づいて産業革命からの気温上昇を１・５度以内に抑える目標をめざすことで合意した21年のＣＯＰ26などには首脳が出席した。

ＣＯＰ27は節目のＣＯＰと比べて重要度が高いとみられていなかったが、ＣＯＰはもはや首脳が無視できないイベントになっている。欧州からは欧州連合（ＥＵ）のミシェル大統領、フォンデアライエン欧州委員長に加え、マクロン仏大統領、ショルツ独首相、スナク英首相らが顔をそろえた。中国の習近平国家主席、ロシアのプーチン大統領、インドのモディ首相は参加しなかったが、南アフリカ共和国のラマポーザ大統領やパキスタンのシャリフ首相ら新興国のトップの姿も見えた。就任直後にCOP26に出席して演説した岸田文雄首相の姿はCOP27にはなかった。

COPは2週間開かれるのが慣例だ。前半は主に事務レベルで交渉し、後半は閣僚が集まって合意文書で詰めの協議をするのが従来の流れだが、これに加えて序盤に首脳級会合を開くのが今後のCOPの主流になりそうだ。23年のCOP28はアラブ首長国連邦（UAE）で開かれる。大きな国際会議を開けば、その国の政治指導者の得点になる点は無視できない。訪れる多くの指導者と会談し、外交を重ねている様子が映像で流れれば、有権者へのアピールになるからだ。

そしてCOPに参加しなければ、温暖化対策に後ろ向きと見られかねない雰囲気も醸成されつつある。とりわけ欧州では有権者の気候変動問題への関心は高く、ほとんどの首脳が参加する。COP27ではスナク英首相が就任直後で多忙なのを理由に参加しないと報じられていたが、COP26の議長国として参加しないことに批判が強まったため、一転して出席を決めた。環境問題はもはや閣僚レベルを超え、首脳自らが積極的に関与すべき問題になった。様々な国際会議で、安全保障や地域情勢、経済問題とともに、首脳らが環境問題を直接議論する場面が増えている。

温暖化交渉でのEUの存在感は大きい。排出は米中に比べて多くないものの、先進国のなかでは最も気候変動対策に積極的だからだ。その積極性はときに日米など先進国のなかでも対立を生じさせる。実際、EUは、国連交渉の場で日米やオーストラリア、カナダがつくる交渉グループ「アンブレラ・グループ」に入っていない。EUの主張はしばしば先進国と途上国の中間に位置するため、日米などからは「途上国寄り」と煙たがられることもある。だが橋渡し役となり、交渉を前進させるケースも少なくない。

めまぐるしい情勢変化に翻弄

22年8月、米国のペロシ下院議長は台湾を訪問した。米下院議長は大統領の継承順位が副大統領に次ぐ2位の要職だ。台湾を最大の「核心的利益」と位置づける中国は、ペロシ氏の訪問を「内政干渉」と捉え、激しく反発した。他国が台湾を独立した「国」のように扱えば、習近平（シー・ジンピン）指導部の求心力低下につながる恐れがあるからだ。

中国側は報復措置の一環として、米国との気候変動の対話を打ち切った。貿易や安全保障などで緊張が増し、協力する分野が少なくなりつつあるなかでも、気候変動などの環境分野や新型コロナウイルスなどの保健衛生分野は、地球規模の協力が必要だとして対話は続いていた。中国の反発を予想していた米国も、この措置は予想外だったようで、ケリー米大統領特使（気候変動問題担当）も「我々は中国を必要としている」と呼びかけた。米中は温暖化ガスの2大排出国で、両国間の対話が途切れれば、気候変動の国際交渉が停滞するのは避けられない。

環境問題が国際政治の重要な位置を占めるようになったのは疑いない。大きな国際会議では常に議題になるようになったが、それゆえに国際情勢に翻弄される。記憶に新しいのは米国のトランプ前大統領が決断したパリ協定からの脱退だ。トランプ氏は選挙戦でパリ協定離脱を公約として掲げ、17年6月にその約束を実現すべく、離脱を宣言した。トランプ氏の次の大統領として、民主党のバイデン氏が当選してパリ協定への復帰を決めたが、米国なしのパリ協定は実効性が大きくそがれる。温暖化問題の交渉はそんな政治情勢に右往左往することの連続でもある。

22年にインドネシアで開かれたG20サミット

22年11月にインドネシアのバリ島で開かれた主要20カ国・地域首脳会議（G20サミット）もそうだった。議題はロシアのウクライナ侵攻が中心だったが、会議期間中にウクライナ国境近くのポーランド領内にミサイルが着弾し、犠牲者が出たのが伝わった。会議に参加する首脳も、それを追うメディアも緊張に包まれた。もしロシアが放ったミサイルならば、第3次世界大戦になりかねない。ポーランドは北大西洋条約機構（NATO）加盟国だ。NATOには一つの国が攻撃を受ければ、他の同盟国が防衛する義務を負う集団的自衛権が定められている。

結局、ミサイルは、ロシアの攻撃に対処しようとしたウクライナから飛来した可能性が高いことが分かった。ロシアと米欧諸国の全面衝突につながる事態は避けられ、会場の緊張は和らいだが、ほかの全体の日程には少なからず影響が出た。G20サミットではエネルギー価格の高騰とともに、気候変動問題の議論がどうなるか注目されていた。同時期にエジプトでCOP27が開かれていたためだ。世界の主要国のリーダーが決めた結論は、COPの合意を左右する。ロシアのウクライナ侵攻だけでなく、世界的な金融危機などが起きれば、会議での環境問題への関心は下がる。バリ島でのG20サミットは気候変動の議論は低調だった。

一方でG20サミットの傍らで米中首脳会談が開かれたのを受けて、両国間の緊張がやや緩和し、COP27の場では気候変動の対話が再開された。様々な追い風、向かい風を受けながら、少しずつ前進していくのが国連主体の気候変動交渉である。

共通だが差異ある責任

国連の気候変動交渉を見ていると、「共通だが差異ある責任」という言葉をよく耳にする。気候変動枠組み条約に記されている表現で、英語の頭文字をとって「CBDR」(Common But Differentiated Responsibilities)などと呼ぶ[1]。地球温暖化問題は人類および各国の共通の責任で解決すべき問題だが、その責任の重さに先進国と途上国では違いがあるという考え方だ。産業革命以降、大量の化石燃料を使って温暖化を引き起こしてきたのは先進国だ。途上国はこれから経済発展をする権利がある。先進国は率先して温暖化ガスの排出削減を進め、途上国には温暖化対策の資金や技術を支援する義務があると理解されている。

CBDRは常に交渉の根底にあり、世界規模での温暖化対策の合意を難しくしている最大の要因の一つでもある。京都議定書の交渉では、この原則に基づいて先進国だけが排出の削減義務を負う仕組みになり、中国を含む途上国は義務を負わなかった。これに強く反発したのが米国だ。当時、中国はすでに新興国として成長著しく、排出削減しないのは不公平との不満が米議会で強かった。京都議定書は97年に採択されたが、米国のブッシュ政権と議会は01年に議定書からの離脱を決めた。その結果、排出削減義務を負うのは日欧な

図表4-1　温暖化ガス排出量の国ごとの蓄積を見ると、米国が最も多い

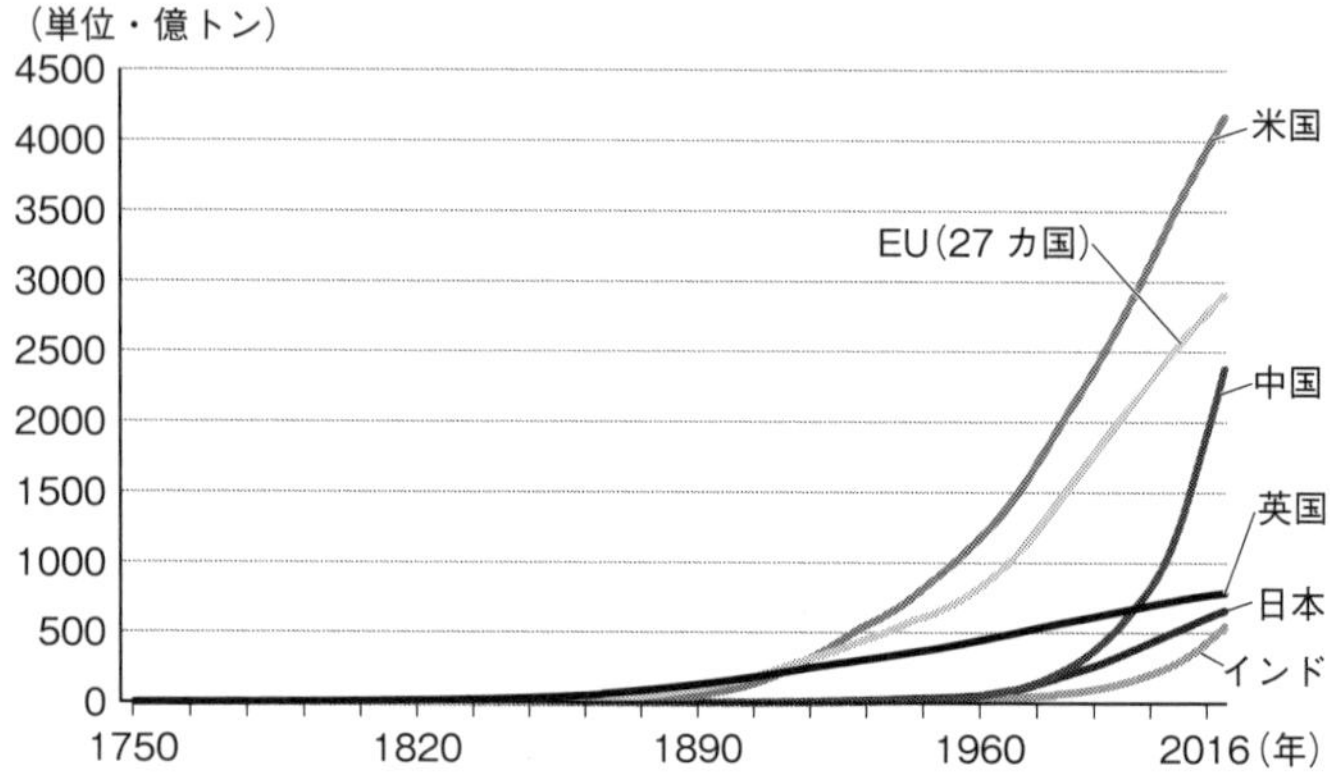

出所）「アワー・ワールド・イン・データ」

ど世界の排出量の３分の１を占める先進国だけにとどまり、地球温暖化防止という点で実効性が低い枠組みになってしまった。

「温暖化は先進国の責任」というのは途上国の交渉姿勢のよりどころとなっていたのだが、実際のデータをみると、この前提は崩れつつあるのが分かる。１７５０年から２０２０年までの累積排出量を見ると、米国が４１６９億トンでトップだ。ＥＵ（27カ国）が２９０４億トンと続く。そして３位には２３７９億トンで中国が入っている。グラフを見ればわかりやすいが、米欧が19世紀の後半から排出量が増え始め、20世紀に入って増加ペースを速めた一方、中国は70年ごろから急増している。英国は現在はサービス業中心の産業構成となり、排出量は少ないが、産業革命が起きた国のため、７８２億トンだ。日本の６５６億トン、イン

ドの544億トンよりも多い。

3位に入った中国も温暖化を引き起こした責任を負っているのは明白だ。中国は近年になってCBDRを声高には主張しなくなりつつあるが、他の途上国はそうではない。このCBDRという考え方は、気候変動枠組み条約が採択された92年から、パリ協定が発効した今に至るまで、交渉の前提になっている。先進国はとりわけ新興国の排出削減を促そうとCBDRからの脱却を訴えるのに対して、途上国側はこれを動かせぬ前提として先進国と対峙する。詳細は後述するが、先進国と途上国の対立の構図が崩れれば、交渉が先進国側に有利になる可能性があるからだ。

2 先進国VS途上国 国連交渉の構図

先進国ペースのCOP26

21年10～11月に英グラスゴーで開かれたCOP26は終盤にさしかかっていた。焦点の一つだった石炭火力の利用に関する合意文書の最終案の表現は「段階的廃止（phase out）」と記されていた。ケリー米大統領特使は「力強い文書だ」と評価し、EUのティメルマンス上級副委員長が「緊急性を持って行動するよう背中を押す内容だ」と支持した。ところが途上国には不満がたまっていた。

理由は2つある。1つは先進国から途上国への排出削減に向けた資金支援だ。先進国は09年、20年までに年1000億ドルを支援すると約束したはずだった。経済協力開発機構（OECD）によると、20年は833億ドルに過ぎず、達成は23年にずれ込む見通しだ。途上国は「約束を破った」と非難したが、文書案は「深い遺憾」を表明し、できるだけ早く達成するとの意思を示しただけだった。

英グラスゴーで開かれたCOP26は節目の会議となった

もう1つは温暖化に伴う異常気象などで受けた「損失と被害」（ロス&ダメージ）に関する対応だ。途上国は温暖化で受けた被害について、先進国に具体的な資金支援計画をつくるよう求めていた。しかし気候変動議論のけん引役であるべき米国とEUが最後まで首を縦に振らず、新たな対話の場を設けるにとどまった。

このとき、すでに日米欧などは50年に国内の温暖化ガスを実質ゼロにする目標を掲げており、脱化石燃料は既定路線だった。それゆえ遠くない未来に石炭火力発電所は原則として停止するのは自然な流れだ。一方で、経済発展に伴って電力需要が増す途上国側はなお化石燃料が必要だ。再生エネや原子力だけで、エネルギーをまかなうのは少なくとも短期間では不可能だ。財政事情の苦しい先進国はできるだけお金の負担が増えるのを避け、途上国、とりわけ中国やインドなど新興国に温暖化ガスを削減するよう圧力をかける戦略だった。

だが交渉の最終盤にさしかかったところで、途上国が待ったをかけた。合意案を採択しようかというまさにそのとき、インドのヤダフ環境相が反対論をぶち上げたのだ。「経済発展と貧困の撲滅を追求する途上国が、石炭を段階的に廃止するなどと約束できるだろうか」。インドには貧しく、十分な電力を得られない国民もいる。先進国からの支援が不十分なまま、豊かになる権利を放棄してまで、脱石炭はできないという意思表示だった。

強い政治力と資金力を持つにもかかわらず、自らに有利なように交渉を進める先進国。ボリビア代表からは「我々は炭素（カーボン）植民地主義にとらわれるのを拒否する」との声が漏れた。実質的に途上国の後ろ盾となっている中国もインドに同調した。ケリー氏ら米中印EUの代表が別室に移動して文言調整に入った。

全体会合が再開されると、ヤダフ氏が「段階的廃止」から「段階的削減(phase down)」

に変更するよう逆提案した。押し戻された先進国と、温暖化の影響をうけやすい島しょ国などは相次いで「最後の最後での表現変更には失望した」（マーシャル諸島）と発言したが、合意の採択自体は容認した。

ＣＯＰ26は先進国ペースで進んだ会議だったが、最終局面で中印が先進国に一矢報いたのは、先進国に気候変動対策の主導権は握らせないという中印の決意表明だった。先進国と途上国の対立は、ＣＯＰの30年弱の歴史で繰り返されてきた。この対立は、ＣＯＰ27でも見られた。

途上国が巻き返すＣＯＰ27

ＣＯＰ26からほぼ1年後にエジプトで開かれたＣＯＰ27。16年にモロッコのマラケシュ開催のＣＯＰ22以来のアフリカ大陸での開催とあって議長国のエジプトは途上国やアフリカのためのＣＯＰにすると息巻いていた。最大の焦点はＣＯＰ26でも触れられた「損失と被害」で具体的な成果を出せるかどうかだった。「損失と被害」は、大ざっぱに言えば、気候変動の影響で生じるハリケーンや海面上昇、干ばつなどの異常気象で受けた被害を、主に先進国が途上国に補償する内容だ。

必要となる金額は、損失と被害をどう定義するかによって変わるため算定は難しい。30

年に2900億~5800億ドル、50年には1兆ドル超になるとの分析もあるが、いずれにせよ巨額の費用が必要であることは間違いない[2]。

COP27の議長のシュクリ・エジプト外相はアフリカは世界の温暖化ガスの3%しか排出していないのに、気候変動の影響はそれ以上に受けると訴え、「損失と被害」基金設立の合意に向けて動いた。

会議冒頭に参加国は「損失と被害」をCOP27の正式な議題として取り上げることで合意した。「損失と被害」はこれまでは主に「適応」の交渉のなかで議論されてきた経緯がある。適応は、気候変動の悪影響を軽減するもので、例えば災害に備えて堤防をつくったり、高温でも育つ農作物の品種を開発したりする内容だ。適応から独立させて「損失と被害」を単独で議論するのはCOPの歴史で初めてだった。

途上国側は「損失と被害」関連の基金を設けるよう先進国側に要求したが、先進国側は新たな資金を出すのには慎重で、膠着状態が続いた。その状況を打破したのが、EUだった。会議終盤、EUは基金の設立を認める妥協案を各国に提示した。ティメルマンス氏は途上国グループである「G77+中国」との会談後、基金の設立を容認すると表明するとともに、COP27の合意文書案を提示した。英国や米国も当初は難色を示していたが、EUによる水面下の説得で最終的には受け入れた。

記録的な豪雨に見舞われ、多くの死者を出したパキスタンのレーマン気候変動相は「不可能だと思っていた障壁を、団結すれば実際に壊すことができるという歴史を思い起こさせる」と喜んだ。国連のグテレス事務総長は「これだけでは十分でない」としながらも「正義に向けた重要な一歩を踏み出した」と評価した。結局、「損失と被害」の基金設立がCOP27の最も大きなニュースとなった。基金の金額や運用方法などは決まっていない。UAEで開かれるCOP28までに詳細を詰める。

EU、途上国の分断図る

全体的に見れば、COP26は先進国、COP27では途上国が交渉の果実をとったと言える。とはいえ、交渉はそれほど単純ではない。COP26で中印が土壇場で石炭火力発電所の「段階的廃止」の表現を変更させたように、COP27でも先進国は基金の設立を手放しで認めたわけではなかった。

ティメルマンス氏は基金設立を容認した理由を、途上国側が強硬に主張していたためだと説明した。そして「我々の経験として、基金が設立されるまで時間がかかり、そこにお金が積まれるまでさらに時間がかかることを知っている」と、すでにある別の基金を活用したほうがよかったとの考えをにじませた。その上で新たな基金には「明確な条件がつけられるだろう」と力説した。

その条件とは、基金の受け取り手を気候変動に特に脆弱な国々に限ることだ。これが意味するのはアフリカ諸国や島しょ国など貧しい国々が中心で、中国などの新興国は含まれない。中国は途上国と「G77＋中国」というグループを組み、気候変動の交渉の場では一体となって行動することが多いが、先進国は新興国と途上国の間にくさびを打ち込もうとしたのだ。

狙いは2つある。1つは国連交渉で先進国と途上国を分ければ、先進国は40カ国程度と圧倒的に少ない。交渉では多数派をいかに形成するかが重要で、先進国が不利なのは明白だ。それゆえ、途上国を分断させて交渉を有利に運ぶ狙いがある。もう1つは現実的な資金負担の問題だ。先進国は財政的な制約から巨額の資金を拠出するのは簡単ではない。議会の承認が必要な国もあり、やすやすと国際社会に拠出を約束できない事情がある。そこで財政で比較的余裕がある新興国にも相応の負担をしてもらう思惑だ。念頭にあるのは中国だ。中国が支援側にまわれば、支援規模も格段に大きくなる期待がある。

加えて、EUは「損失と被害」基金設立を認める代わりに、温暖化ガスの排出削減で各国の計画の強化と25年までに世界の排出量を頭打ちさせる規定を合意案に盛り込むよう主張した。ティメルマンス氏は「これはパッケージ（の合意）だ」と述べ、基金設立とともに文書に明記されるべきだと訴えた。だがＥＵのもくろみは外れ、この部分は合意文書に残らなかった。途上国側が、ＥＵがより厳しい温暖化対策をとるよう求めていると、警戒心を高めたからだ。ティメルマンス氏も閉幕時、合意のために「我々はいくつかのことを諦めなければならなかった」と率直に語った。

このように国連の気候変動交渉は複雑で、単純に「勝った」「負けた」ではは かれない。いたるところで駆け引きがおこなわれているのだ。

3 交渉を動かす様々なアクター

島しょ国の影響力

不思議な光景だった。青い空の下、国連や自国国旗を背に、その男性はスーツを着たまま、膝まで海につかり、ビデオ越しにＣＯＰ26の聴衆に語りかけた。太平洋に浮かぶ島国ツバルのサイモン・コフェ外相は「海面上昇の影響でツバルが直面する非常に差し迫った問題を提起した」と話す。ツバルは温暖化で国土が水没する危機にある。

気候変動の国連交渉で興味深いのは、通常ならば国際政治の舞台で影の薄い国々の発言が注目されることだ。その筆頭はツバルを含む39カ国からなる島しょ国連合（ＡＯＳＩＳ）で、温暖化の影響を最も強く受け、国家の存続を脅かされている。国連開発計画（ＵＮＤＰ）はツバルを気候変動に「非常に脆弱な国」と分類している。温暖化の進行による氷河融解で海面が上昇し、ツバルを含む多くの島国が危機に瀕していると警告する。

先に記したように、ＣＯＰ27では「損失と被害」の基金設立で合意した。途上国では大型ハリケーンや干ばつなどで家屋、収入を失ったり、海面上昇で住む土地がなくなって移住を余儀なくされたりする人が増えている。経済規模が小さいため自らの力では対処できず、国際的な支援が必要となっている。

注目を集めたのは、「損失と被害」関連の費用を、化石燃料を生産する企業への課税でまかなう案だった。カリブ海の島国で、ＡＯＳＩＳの一角を占めるアンティグア・バーブーダのブラウン首相は壇上から「化石燃料の生産者に利益に対する炭素税を支払わせるべきだろう」とのアイデアを披露した。「彼らが利益を得ている間にも地球は暑くなっている」と訴えた。

同じくカリブ海のバルバドスのモトリー首相は、エネルギー企業の利益から、10％を徴収するよう提案した。モトリー氏によると、主要なエネルギー企業はこのＣＯＰ27までの３カ月で２０００億ドルの利益を上げたといい、「１ドルにつき10セントの拠出を期待してもいいのではないか」と呼びかけた。

念頭にあるのはロシアのウクライナ侵攻で化石燃料価格が高騰し、エネルギー企業が空前の利益をあげていることだ。

化石燃料の消費は温暖化の原因になるため、巨額の利益は途上国への支援にまわすべきだと途上国は主張している。島しょ国側から見れば、エネルギー企業に課税することで「損失と被害」に必要な資金を確保するとともに、エネルギー企業が課税を嫌がって再生エネなどにシフトすれば、脱化石燃料につながる一石二鳥の案といえる。この案には、島しょ国以外からも支持する声は出ている。パキスタンのシャリフ首相は22年に同国が大規模な洪水被害に遭ったことを受けて、自国だけで再建することはできないと述べた。国連のグテレス事務総長もこの案を支持している。

もちろん実現には国際的な合意が必要で簡単ではない。気候変動交渉では、国際的な航空輸送や金融取引に課税する国際連帯税構想が長らくあるが、いまだに実現していない。それでも国連交渉では島しょ国の声は軽視できない。島しょ国が海面上昇で水没すれば、国際社会の努力不足だと責任を問われかねない。島しょ国の主張は他の国には過激に映るため、そのままCOPの合意に反映されることは多くないが、先進国などは島しょ国の意向をくみ取ろうとし、その結果、交渉の行方に一定の影響を及ぼす。

産油・ガス国の存在感なお

「脱石炭」が会議を覆っていたCOP26では息を潜めているかに見えた産油・ガス国や石油メジャーはCOP27でその動きを活発にした。22年11月6日に開幕した同会議が閉幕したのは予定を2日ほど過ぎた20日午前。妥協の末の合意文書には「低排出エネルギー」という見慣れぬ表現が潜り込んだ。いつのまにか最終案に入っていたため、複数の交渉官らは「どういう経緯でこの表現が記されたのか」といぶかった。

その言葉の解釈は明確にされてはいない。だがあえて前例の乏しい表現を使ったのは、低排出エネルギーに天然ガスを含めるためだと、多くの関係者は理解している。ガスは石炭などよりも温暖化ガスの排出が少ないのは確かだが、排出があることには変わりなく、今世紀半ばまでに地球の温暖化ガスの排出を実質ゼロにする目標とは必ずしも整合的ではない。

ある欧州の交渉官が交渉の経緯についてヒントをくれた。「産油国や企業のロビー活動が影響したのかもしれない」。会場にはサウジアラビアなど産油国の巨大な展示施設が目立っていた。確かに伏線はあった。

「世界が石油とガスを必要としている限り、役割を果たし続ける」。COP27の冒頭で、23

年のＣＯＰ28を開くアラブ首長国連邦（ＵＡＥ）のムハンマド大統領はこう言い切った。化石燃料との決別を目的とするＣＯＰの会議でのこの発言に会場はどよめいた。強気の背景には、ロシアのウクライナ侵攻があった。世界でエネルギー供給不安が起き、各国は石炭からガスまで化石燃料の調達を強化していた。

アフリカ大陸で開かれたＣＯＰ27で、アフリカ諸国も自らの権利を声高に主張した。アフリカ連合（ＡＵ）議長国のセネガルのサル大統領は温暖化ガスの排出を減らすのには賛成だとする一方、「我々アフリカ人は、自らの重要な利益が無視されていることを受け入れることはできない」と力を込めた。実際、ウクライナへの侵攻以降、欧州各国はガス調達の多様化のために、首脳級が相次ぎアフリカ各国を訪れていた。

ドイツのショルツ首相は22年５月、セネガルとニジェール、南アフリカ共和国を訪問した。イタリアのドラギ首相は７月、ＥＵのミシェル大統領は９月にアルジェリアを、スペインのサンチェス首相は10月にケニアと南アを訪れた。経済発展を望むアフリカ諸国からも資源開発への期待は大きく、ＣＯＰ27では「ガスを開発する権利がある」との声が相次いだ。

それを見透かしたように、ＣＯＰ27の会場には石油メジャーの幹部らが続々と入った。関係者によると、その数は６００人以上にのぼり、ＣＯＰ27の結果が自社に不利にならないように各国を説得に回ったという。エネルギー企業は足元で再生エネへのシフトを急いでいるものの、できるだけ化石燃料を温存したいのが本音でもある。石炭をあきらめる一方で、ガスを再生エネなどに移行するまでのつなぎ役となる「ブリッジ・エネルギー」として重視する企業は多い。

50年に温暖化ガスの排出を実質ゼロにするとの目標を掲げているとはいえ、足元ではまだまだ化石燃料は必要だ。とりわけロシアのウクライナ侵攻以降、欧州各国は自らがいかに化石燃料に依存しているかを痛感させられた。次の冬もガスがなければ市民生活や経済活動に大きな支障が生じ、最悪の場合は寒さで死者が出るかもしれない。

COP28は産油国のUAEで開かれる。議長国としてどんなCOPにするのかはまだ見えないが、COP28の議長にはアブダビ国営石油会社（ADNOC）のスルタン・ジャベル最高経営責任者（CEO）が指名された。一部の国や非政府組織（NGO）は「脱化石燃料」といった原則が後退しかねないと懸念を強めている。

世界最大になるインド

23年には中国を抜いて世界最大の人口を抱えることになりそうなインドは、気候変動交渉では興味深い位置を占める。「新興国」として、中国などと一緒くたにされることが多いが、経済発展の度合いは大きく異なる。世界銀行によると、21年時点の1人あたり国内総生産（GDP）は中国が1万2500ドルなのに対し、インドは2300ドルにとどまる。インドのモディ首相はCOP26で70年までに同国の温暖化ガスを実質ゼロにする目標を発表した。これは先進国の50年より20年遅く、中国より10年遅い。先進国とは違うのはもちろん、インドは中国とも状況が異なると内外にアピールした格好だ。

経済発展にはまだ大量の電力が必要というのがインドの立場だ。広大な国土を生かし、風力や太陽光など再生可能エネルギーの拡大がめざましいのは確かで、足元では再生エネの拡大が石炭火力発電を上回っている。それでも全体を見ると、1次エネルギー需要に占める化石燃料の割合は20年時点で7割以上を占める。先進国は世界の排出量の7～8％を占めるインドに一段の脱炭素を求めるが、インドは自らの経済発展の重要性を盾にそう簡単には首を縦に振らない。先進国側もインドの貧しさを知っているがゆえ、強くは言えない事情もある。ここが、一部では先進国並みの豊かさを持つ中国との大きな違いである。

COP26で先進国主導の石炭火力発電の「段階的廃止」の野望を打ち砕いたインドは、COP27では意外な行動に出た。石炭火力発電だけでなく、すべての化石燃料を段階的に削減することを合意文書に盛り込むよう要求したのだ。この提案には様々な臆測が飛び交った。「インドは再生エネに熱心とはいえ、化石燃料の重視の姿勢も変えていないはず。それなのになぜ……」。インドの思惑とは関係なく、このアイデアは多くの支持を引き付けた。ＥＵのみならず、英国や島しょ国連合、そして米国も一定の条件付きながら賛成する姿勢を示したのだ。

結局、この提案はサウジアラビアなど産油国の反対で合意文書に載ることはなかった。インドの真の狙いはどこにあったのか。ＥＵのティメルマンス上級副委員長はおおむね賛成しながらも、警戒感も示していた。「グラスゴーで合意した以上のことをできれば良いが、ＣＯＰ26で合意した石炭の段階的削減の努力から注意をそらすことがあってはならない」。つまり、インドは過度に石炭を悪者にする状況を変えるため「段階的削減」の対象を石油や天然ガスにも広げようと画策したのだ。こうすることで石油や天然ガスを大量に消費する国にも注意が向けられ、石炭に大きく依存するインドへの圧力が軽減されると考えたとみられている。

国際エネルギー機関（ＩＥＡ）によると、インドは石炭火力による発電量が30年まで増え続ける数少ない国だ。現状の政策が続くシナリオでは、21年比で22％増える。米国は8割、欧州は6割強それぞれ減るほか、中国でさえ2％減少する。合意文書に石炭火力の「段階的削減」と残ったままではインドへの風当たりが強まるのは明白で、インドの提案はしたたかな交渉戦術に基づいていた。

図表 4-2　インドと東南アジアは石炭火力発電の利用が増える

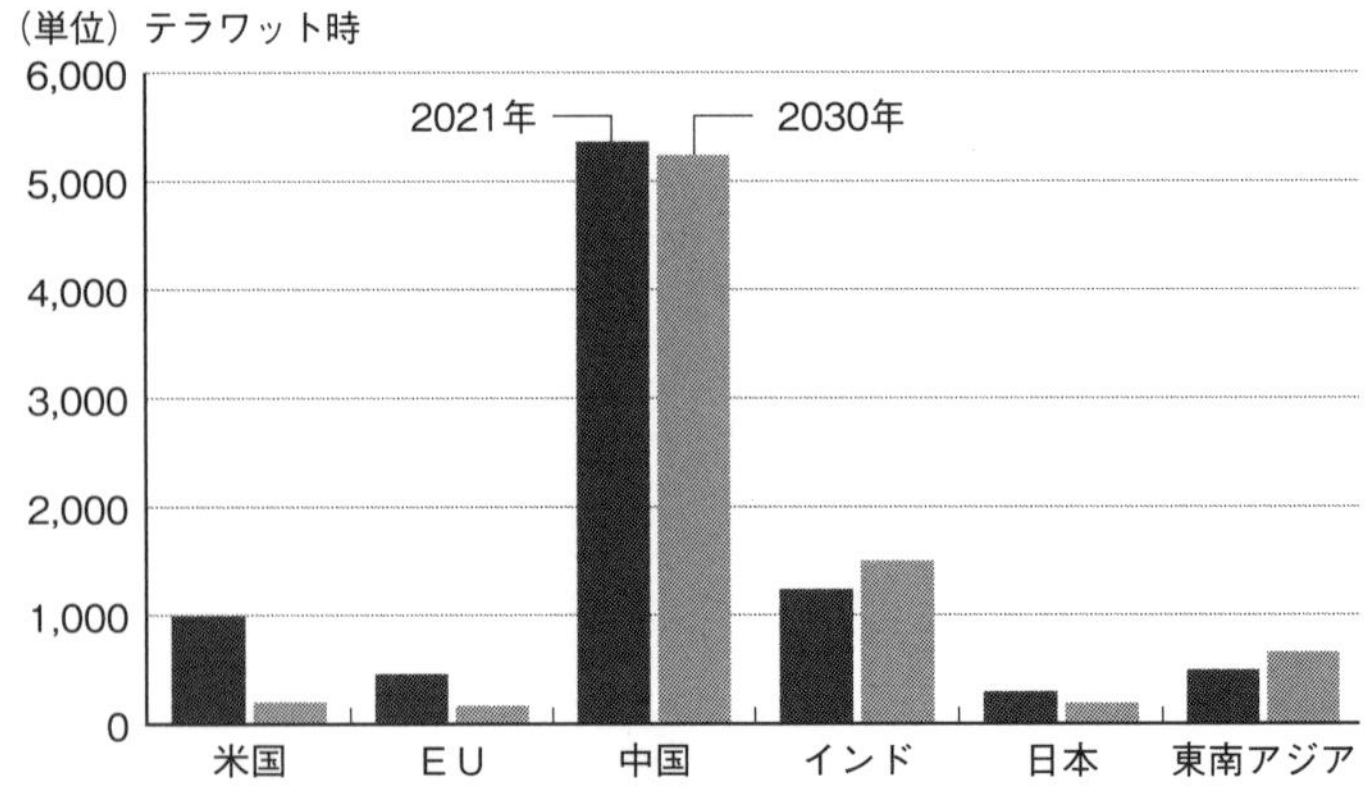

出所）IEA

今後、気候変動を巡る交渉は、世界最大の排出国である中国、先進国グループの米EU、そして世界最大の人口を抱えるインドを中心に繰り広げられるだろう。そこに島しょ国や産油国グループ、アフリカ諸国やBRICSといった新興国グループが加わる構図だ。23年に日本は主要7カ国（G7）の議長国だ。ウクライナ問題に関連して、エネルギーとセットで気候変動問題も議題の中心になるのは確実だ。そのときに議長国としてリーダーシップをどう発揮するのか、意欲と決意が問われる。

COLUMN

気候変動枠組み条約とCOP

毎年10～12月ごろに開かれる国連気候変動枠組み条約締約国会議は、COPの略称で知られる。英語でConference of the Partiesの頭文字をとったものだが、参加国政府（Party）の会議、という意味だけでしかない。92年に大気中の温暖化ガスの濃度を安定させることを目的とした「気候変動枠組み条約」が採択され、その批准国が参加している[1]。23年1月時点で批准しているのは197カ国と欧州連合（EU）だ。

22年のCOPはエジプトのシャルムエルシェイクで開かれ、27回目を迎えた。新型コロナウイルス禍で開けなかった20年を除いて、1995年のベルリン以降、毎年開催されている。日本にとって特になじみ深いのは97年に京都で開かれたCOP3だろう。世界で初めて温暖化ガスの排出削減を義務付ける京都議定書が採択された。09年にデンマークのコペンハーゲンで開かれたCOP15は、当時のオバマ米大統領や中国の温家宝首相、EUのバローゾ欧州委員長、日本の鳩山由紀夫首相らそうそうたる首脳が集まったものの、京都議定書後の次期国際枠組みの合意に失敗した。15年にパリで開かれたCOP21ではパリ協定を採択。21年の英グラスゴーのCOP26では、パリ協定の細かな規定を定めたルールブックが完成し、産業革命からの気温上昇を1・5度以内に抑える目標の達成をめざすことで一致した。直近ではCOP27がエジプトで開かれ、23年のCOP28はUAEで予定されている。COPの開催は、例外もあるが、世界の5地域で交代で開かれている[3]。

交渉は2週間に及び、最初の1週間は事務レベルで進められ、次の1週間は主に閣僚級会合となり、事務レベルでは合意できなかった論点を解消すべく交渉を続ける。議論は夜通し続くことは珍しくなく、会議が1～2日延長されるのは当たり前となっている。報道などではひとくくりにCOPと言われるが、会議は細分化されている。COPは気候変動枠組み条約の締約国が参加する会議で、ほかにパリ協定批准国が参加するCMAや京都議定書参加国によるCMPなどが同時並行で開かれている。

COPの報道では「先進国」や「途上国」といった言葉がよく出てくるが、実はこれは気候変動枠組み条約に沿った表現だ。条約にある「附属書I国」は日米や西欧諸国などの先進国と、中・東欧諸国や旧ソ連構成国を含む市場経済移行国が該当する。「附属書II国」は市場経済移行国を除いた先進国で、途上国の排出削減や気候変動の悪影響に対処するために資金や技術を支援する義務を負っている。ＣＯＰでは常に日米や西欧などの先進国と途上国が支援を巡って対立するが、この議論も条約に基づいているといえる[4]。

そして非附属書I国と呼ばれるのが、いわゆる途上国グループだ。最近ではこのグループの分類で議論がある。というのも、中国など経済発展の著しい国から、サウジアラビアのような産油国、スーダンといった後発発展途上国（ＬＤＣ）に加え、ツバルなどの海面上昇で国土消失の危機に直面する国があり、途上国といっても幅広い。また韓国やイスラエルといった実質的な先進国も含まれ、一緒くたに扱うことへの疑問がある。中国といった新興国は財政的な余裕もある上、温暖化ガスの排出が多いことを踏まえれば、より貧しく、気候変動に脆弱な国々を支援する側にまわるべきだといった意見もある。

ただ国連の合意は全会一致が原則で、１９８カ国・地域で一致点を見いだすのは至難の業だ。

そこで現実を見据え、少数の主要国で大きな方向性を固め、それを国連交渉の流れにする取り組みが広く実施されている。

例えば、米国は主要経済国会合（ＭＥＦ）を主催し、バイデン大統領はＣＯＰ27の前に複数回の首脳レベルの会議を開いた。ドイツはペータースベルク気候対話、日本も「気候変動に対する更なる行動」に関する非公式会合を定期的、あるいは不定期に開いている。いずれも20～40カ国程度に参加国を絞り込み、意見の一致点を見いだそうとしている。200カ国で議論をするのは難しいが、少人数ならば突っ込んだやりとりができる。国連の会合ではないため、正式な決定はできないが、各国の交渉担当者が率直に意見をぶつけ合い、国連会合での合意を念頭に妥協点を探る重要な機会になる。

この手の会合で最も重視されているのはG20だろう。日米欧などの先進国と中印など主要新興国が加わるこの枠組みは、GDPと温暖化ガスでそれぞれ世界の8割前後を占める。G20で何か決まれば、国連の交渉の方向性に大きく影響を与える。COP27では国連のグテレス事務総長が、G20の取り組みが「非常に小さくとても遅い」と嘆いた上で、G20各国が主導的な役割を担うよう促した。そしてG20のなかでも重要なのは排出が多く、政治的な重みが大きい米国と中国だ。この2カ国を中心に、EUや欧州各国、日本、インドが合意点を見いだすために協議をする。

条約事務局の本部はドイツのボンに置かれ、約450人のスタッフを抱える。そのトップはカリブ海の島国グレナダで気候・環境相などを務めた経歴を持つサイモン・スティル事務局長で、22年8月に就任した。事務局は気候変動交渉が円滑に進むように支援するほか、すでに決まったルールの実行を担う。

参照文献

1 UNFCCC.（1992）. United Nations Framework Convention on Climate Change.
参照先: https://unfccc.int/resource/docs/convkp/conveng.pdf

2 Reinhard Mechler, Laurens M. Bouwer, Thomas Schinko, Swenja Surminski and JoAnne Linnerooth-Bayer.（2019）. Loss and Damage from Climate Change. Springer Cham.
参照先: https://link.springer.com/book/10.1007/978-3-319-72026-5

3 UNFCCC.（日付不明）. Conference of the Parties（COP）.
参照先: https://unfccc.int/process/bodies/supreme-bodies/conference-of-the-parties-cop

4 UNFCCC.（日付不明）. Parties & Observers.
参照先: https://unfccc.int/parties-observers

第 5 章

激変、世界のエネルギーミックス

環境覇権

欧州発、激化するパワーゲーム

Eco-hegemony

地球温暖化防止の国際枠組み「パリ協定」の実行で世界各国が対応を加速するなか、ロシアがウクライナに侵攻した。ロシアはエネルギー大国で、化石燃料の価格は急騰し、市場は大きく混乱した。ロシアとの関係悪化を受けて、欧州を含む西側諸国はロシア産エネルギー依存の解消に動き出す。解消実現の時間は短ければ短いほど良いが、そう簡単ではない。ロシア依存の大きい欧州を中心に、一部で石炭火力発電への回帰も見られた。

だが、ロシアの侵攻は結果的に欧州のグリーンシフトを後押しすることになった。再生可能エネルギーや原子力など、温暖化ガスの排出がないエネルギーへの投資が急速に進んだのだ。輸入に頼る化石燃料から、国産エネルギーと言える再生エネや、準国産の原子力への移行は、他国の動向に左右されなくなり、エネルギー安全保障を高めることにもなる。

第5章はロシアのウクライナ侵攻でエネルギー市場が混乱したのを受けて、EUや世界がどう動いたかを追う。

1　地政学が揺らすエネルギー事情

エネルギー危機の勃発

２０２２年２月24日。一報が入ったのは欧州時間の早朝だった。東京本社からの電話で起こされ、ロシアがウクライナに侵攻したのを知り、すぐ枕元のスマートフォンでニュースを確認した。自分の公私の生活も、自分が担当する欧州連合（ＥＵ）を取り巻く環境も大きく変わる歴史的な出来事の始まりだった。

欧米など西側諸国はロシアを一斉に非難した。ドイツのショルツ首相は「ウクライナへの攻撃は明白な国際法違反だ」としてロシアのプーチン大統領を強く批判した。軍事行動を即時停止するよう求め、「ウクライナにとって恐ろしい日で、欧州にとって暗黒の日になった」と語った。フランスのマクロン大統領も「戦争を止めるため、同盟国と共に行動する」などとツイッターに投稿した。ＥＵのミシェル大統領とフォンデアライエン欧州委員長は共同声明で、制裁を検討して「ロシアに大規模で深刻な影響を与える」と表明した。ロシアを糾弾すると同時に、西側諸国はウクライナへの連帯を打ち出した。

図表5-1　ロシアの化石燃料のシェアは大きい（2021年）

（カッコ内はシェア、%）

	石炭	石油	天然ガス
1	中国（50.8）	米国（18.5）	米国（23.1）
2	インドネシア（9.0）	サウジアラビア（12.2）	ロシア（17.4）
3	インド（8.0）	ロシア（12.2）	イラン（6.4）
4	オーストラリア（7.4）	カナダ（6.0）	中国（5.2）
5	米国（7.0）	イラク（4.6）	カタール（4.4）
6	ロシア（5.5）		

出所）英BP

だがエネルギー大国ロシアは、多くの国の生命線を握っていた。英BPによると、21年でロシアは世界の天然ガスの2割弱を生産し、石油の1割強を産出する。現代社会ではエネルギーなしにはほとんど何もできない。ロシアが暴挙を犯したいま、そのロシアとは決別せねばならない。それはロシア産エネルギーに依存しない経済社会への転換を意味するが、エネルギー構造を変えるのは一朝一夕にできるわけではない。そんな難題に挑むための激動の時代に突入した。

ロシアとの決定的な対立を受け、影響が最も大きくなるのが隣り合う欧州だ。21年までEUはロシアからの大量の化石燃料を輸入した。欧州委員会によると、輸入に占めるロシアの割合は天然ガス45%、石油で27%、石炭で46%だ[1]。米エネルギー情報局（EIA）によると、ロシアが輸出するガスの74%、石油の49%が欧州向けだ[2]。ロシアとの関係が悪化したいま、ロシア依存を解消する必要があるが、どのくらいの期間でできるのか。ロシアがエネルギーを使って西側諸国に揺さぶりをかけるのは目に見えているため、ロシア産エネルギーからの脱却は早ければ早いほど良い。だがあまりに性急な転換はエネルギー価格の高騰を招き、企業活動や市民生活への負担が膨らみかねない。

実際、米欧を中心とする西側諸国とロシアの対立は世界のエネルギー市場を混乱させた。西側諸国はロシアからの石炭と石油の輸入停止に踏み切り、ロシア依存度が高い欧州は他の調達先探しに奔走した。その一方で、ロシアは制裁に加わった国々への供給を絞り込むと脅した。これが化石燃料価格の高騰を招き、世界的なインフレにつながった。先進国を中心に38カ国が加盟する経済協力開発機構（OECD）加盟国の物価上昇の伸びは22年10月で前年同月比10・7％と1990年以降で過去最高を記録した。エネルギーと食料価格の高騰が押し上げている。

侵攻でガス価格は高騰した（ロッテルダムのLNG基地）

「最悪の事態に備えねばならない」。ベルギーのデクロー首相は22年8月、同国西部の液化天然ガス（LNG）受け入れ施設を訪れてこうこぼした。ロシアとの対立で企業活動や市民生活に明らかに影響が出ていた。同年9月段階で、電力料金の年間平均は前年の2倍強の2100ユーロを超えた。ブリュッセルのEU本部にほど近い飲食店のオーナーはこうぼやいた。「売り上げが電気代に消えていく。この水準が続けば、営業を続けられるか分からない」。

動き出す欧州、そして世界

欧州は日米などと足並みをそろえて、ロシアへの経済制裁を矢継ぎ早に打ち出した。国際決済網である国際銀行間通信協会（SWIFT）からの排除や機微技術やぜいたく品の輸出管理の厳格化などに加え、ロシア産エネルギーの輸入を禁じるのが大きな柱だ[3]。ロシアの収入源を絶ち、経済を弱体化させるのが狙いだ。EUはまず4月にロシア産石炭の輸入を禁止することで合意した。温暖化対策を推進するEUにとって、二酸化炭素（CO_2）を多く排出する石炭を除外することは意見が一致しやすかった。

次に議題になったのは石油だ。ロシアでは連邦政府歳入の4割程度を石油と天然ガス関連が占めるが、21年はそのうち8割が石油の貢献分だった。それゆえ石油の輸出禁止は「ロシアの戦費調達を阻止できる」（フィンランドのマリン首相）と実現を求める声が強まっていた。EUはロシアのエネルギーに年間約1000億ユーロを支払い、ロシアの戦費を間接的に負担しているとの批判も出ていた。ところがハンガリーなど中東欧の一部が慎重姿勢を示して議論は難航した。ロシア産の石油への依存度が高いためだ。最終的にハンガリーなどが使う陸上パイプラインを例外扱いにすることで妥協を図り、ＥＵへのロシア産石油輸入のほぼ90％が禁止された。

この石油での加盟国間の調整はＥＵに教訓を残した。欧州委が石油の禁輸を提案したのは5月上旬で、意思決定までに1カ月弱を要したからだ。エネルギーは生活に直結する問題だけに、加盟国も簡単には譲歩できない。ＥＵのミシェル大統領は5月の日本経済新聞とのインタビューで、制裁対象をガスにも広げると意欲を示したが、今なお実現していない。石油よりも依存度の高いガスの制裁は想像以上に難しい。

ロシア産エネルギーの依存解消と制裁は表裏一体で、制裁の強化は自らへの負担となってのしかかる。ＥＵはこれを機にエネルギーの脱ロシアと、温暖化対策を両立させる包括案をまとめた。

欧州委員会は22年5月、27年までに官民で２１００億ユーロを投じ、温暖化ガスの排出を減らしながらロシア依存を減らす計画「リパワーＥＵ」を公表した。柱は①エネルギーの節約②エネルギー調達の多様化③クリーンエネルギーの拡大――の大きく３つだ[4]。

第１のエネルギーの節約は、需要の抑制につながる。欧州の大半は日本よりも高い緯度にあるため、寒さの厳しい冬にエネルギーの需要が高まる。家庭の暖房に使われるガスを貯蔵するために、冬が来る前にガスの十分な貯蔵をめざす。6月には域内の天然ガス施設に貯蔵を義務付けることで合意した。22年終わりから23年初頭にかけての冬前に少なくとも容量の80％を満たすよう求め、次の冬前には90％に引き上げる。

その実現のため、天然ガスの消費を22年8月から23年3月まで過去5年の平均に比べて15％減らすことにした。各国は冷房の温度に上限を設けるなどの施策を進め、目標を大幅に超えて達成し、一時は95％を超えた。23年からはＥＵとして共同調達も始める。加盟国間の過度な競争を避けることで価格上昇を防ぐ一方、事業者への価格交渉力を高める狙いだ。

化石燃料回帰　ウクライナ戦争がもたらすジレンマ

第2のエネルギー調達先の多様化は、ロシアに頼っていたエネルギーを他の国から購入する内容だ。ＥＵ幹部は米国やノルウェー、アゼルバイジャン、アルジェリアなど資源国に飛び、ＥＵにエネルギーを供給するよう打診した。米国とは22年3月、エネルギー協力の拡大で合意し、米国が同年に最大１５０億立方メートルのＬＮＧをＥＵに追加供給することになった。ＥＵは21年にＬＮＧやパイプラインなどを通じて約３４００億立方メートルを輸入した。欧州のガス調達量全体の４・４％、ロシアからの輸入量の1割に当たる。隣国のノルウェーとは、ノルウェーが生産を増やしてＥＵへの供給量でロシアを超え、パイプライン経由で最大の供給国となった。

ガスの制裁は実現していないものの、22年末にはロシア産ガスの輸入は１割未満になり、フォンデアライエン欧州委員長は「他の信頼できる供給者を通じて、これまでのガス輸入を補うことができた」と胸を張った。だがその半面で、欧州は化石燃料に強く依存している構図が改めて浮き彫りになった。

ドイツ政府は６月、石炭火力発電所を一時的に拡大すると表明した。褐炭など石炭火力の発電量は１〜６月期に前年比17％増の８２６億キロワット時と伸びた一方、天然ガスによる発電量は18％減った。ロシアのウクライナ侵攻で地政学上の緊張が高まり、ガスの欧州の指標価格であるオランダＴＴＦは、３月に一時、前年の20倍以上の値段をつけた。ドイツは完成したばかりのロシアとドイツを結ぶパイプライン「ノルドストリーム２」の稼働を侵攻後に諦め、稼働していた既存のノルドストリームへの供給もロシアに徐々に絞り込まれ、８月末には完全に遮断された。

ガスに比べて安価な石炭への転換が進んだのだ。ＥＵ最大の経済大国ドイツは産炭国で、褐炭は自給が可能だ。価格も天然ガスに比べて安い。ドイツの電力大手ＲＷＥは侵攻直後の３月、その検討を始めた。オランダやポーランド、オーストリアでも石炭の利用拡大策の検討に入った。

しかも、ウクライナ侵攻以前から、世界の石炭消費の伸びはアジアの新興国がけん引している。インドなどは石炭火力が主力電源で、コロナ禍からの経済回復が重なって電力消費が拡大している。中国は国外で石炭火力発電所の建設は停止すると宣言したものの、国内では新規に多くの発電所をつくっている。国際エネルギー機関（ＩＥＡ）によると、世界の石炭需要が22年に過去最高になったようだ。

欧州委員会は地球温暖化対策と脱ロシアの両立を狙ったが、温暖化対策が後回しにされ、各国は足元のエネルギー供給を満たすことに注力しているように見えた。「我々はエネルギーなしには何もできない。背に腹は代えられないのだろう」。ＥＵ高官は加盟国政府の思いを代弁した。侵攻後、ＥＵはロシアへの制裁を決めるとともに、対立激化を理由にしたロシアからのエネルギーの供給途絶に備え、準備に入った。短期でできる対応は、すでに停止した発電所の再稼働や、停止が決まっている発電所の運転延長だ。再生エネが数週間や数カ月で爆発的に増えるわけではない。

2 再生エネ投資は安保強化

風力・太陽光の拡大加速

リパワーEUの3つ目の柱は再生エネの拡大だ。22年8月末、デンマークの首都コペンハーゲン郊外に集まったバルト海に面する国々の首脳は、同地域の洋上風力の発電能力を30年までに7倍の19・6ギガワットに増やすことに合意した。バルト海はロシアに近く、安全保障上の要衝の地でもある。会合後に記者会見したデンマークのフレデリクセン首相は「化石燃料に依存している限り、我々は脆弱なままだ」と危機感を訴えた。首脳宣言には北欧諸国やドイツ、バルト3国、ポーランドらの首脳が署名し、ロシア産化石燃料への依存脱却に決意を示した。ロシア産エネルギーの代替としてLNGが増えることを踏まえ、海上で円滑に輸送できるよう協力を深めることも明記した。

コペンハーゲンの街を歩けば、風が強いのを感じる。風力最大手ベスタスを擁するデンマークは、風力先進国として知られ、電力の5割近くを風力でまかなっている。そのデンマークが音頭をとって同年9月には国際再生可能エネルギー機関（IRENA）と世界風力エネルギー会議（GWEC）とともに、世界洋上風力連合（GOWA）を立ち上げた。洋上風力の設置容量を足元の60ギガワットから、30年には380ギガワット、50年には2000ギガワットにすることをめざす。22年11月の第27回国連気候変動枠組み条約締約国会議（COP27）では日本や米国、ドイツ、英国など9カ国が加わった。

ロシアのウクライナ侵攻を機に、各国は再生エネの導入に雪崩を打った。EUの欧州委員会はリパワーEUで再生エネの目標について、最終エネルギー消費ベースでの比率を30年に40％の現状から45％に引き上げるよう提案した。その目標を支えるのが太陽光とグリーン水素だ。太陽光は25年までに20年比で2倍以上の320ギガワット、30年には600ギガワットをめざし、そのために一定規模の建物の屋根にパネルの設置を義務付ける法案を提示した。再生エネからつくるグリーン水素では30年に1000万トンを域内で生産するのに加え、同量を域外から輸入する目標を掲げた。EUと加盟国は同時に再生エネへの転換を加速した。

EUは民間の投資を後押しするこんな緊急策も導入した。風力や太陽光事業を承認する手続きを一時的に簡素にする内容だ。「許認可は迅速な普及を阻むボトルネックの一つ」（欧州委）として、50キロワット以下の小規模な太陽光発電設備を環境影響評価から外したり、古い風力発電所をより大きく更新する際の評価期間を6カ月以内にしたりするのが柱だ。自然エネルギー事業を迅速に進められる特別な区域を設けることでも合意した。

もちろん、欧州だけではない。米国はインフレ抑制法とも呼ばれる歳出・歳入法を、日本も官民で10年間に150兆円規模のGX（グリーントランスフォーメーション）を推進する計画で、再生可能エネルギーの導入が進む。中国やインドは火力発電を温存しつつ、再生エネにも力を入れている。

再生エネは「自国産」

世界の化石燃料回帰で、誰もが22年の温暖化ガスは増えるだろうと予測するなか、IEAは22年10月、それを裏切るような分析を公表した[5]。同年のCO_2排出量が前年からわずか1％弱の増加にとどまるとの見通しを示したのだ。主な要因は再生エネと電気自動車（EV）の力強い拡大だった。ロシアのウクライナ侵攻を受けて、石炭などの利用を拡大する動きは発電部門の排出量を押し上げるものの、各国はそれ以上に再生エネやEVへの投資に力を入れていたのだ。理由は何なのか、EUの高官が解説してくれた。

「（再生エネへの移行は）安全保障への戦略的投資になっている」。EUのシンケビチュウス欧州委員（環境・海洋・漁業担当）は22年11月、書面インタビューでこう語った。再生エネは自国産エネルギーだ。自国領内に吹く風や、降り注ぐ太陽光で電気をつくれるからだ。輸入に頼る化石燃料と違って、地政学的な緊張に右往左往する必要はない。再生エネが増えれば増えるほど、自国のエネルギー安全保障は改善するというわけだ。多くの国はごく短期では企業活動や市民生活を守るために化石燃料に頼らざるを得ないが、それは持続可能ではないと分かっていた。

この結果、太陽光や風力など再生エネが25年初頭にも石炭を抜いて最大の電源になる見通しだ。ＩＥＡによると、再生エネの発電量は27年までに21年から約６割増えて１万２４００テラワット時以上になる見込み。電源別のシェアは21年から10ポイント増えて27年に38％になる。一方、石炭は７ポイント弱減って30％に、天然ガスは２ポイント減の21％になる。

再生エネの発電容量は21年に約３３００ギガワットで、27年までに２４００ギガワット増加する見通し。過去20年に世界が整備してきた規模に匹敵し、現在の中国の容量に相当する。最も伸びるのが太陽光で、太陽光単体で26年に容量ベースで天然ガスを、27年に石炭を抜く見通しだ。ＩＥＡのビロル事務局長は声明で「現在のエネルギー危機が、よりクリーンで安全な世界のエネルギーシステムに向けた歴史的な転換点になりうるという事例だ」と述べた[6]。

再生エネのコスト競争力が相対的に高まったことも大きい。欧州の天然ガスは22年、21

年の水準の20倍以上の価格をつけ、石炭も過去最高値を記録した。「化石燃料の競争力が大幅に低下し、太陽光や風力が魅力的になった」（IRENA）。シンクタンクのエンバーによると、22年1～6月の風力と太陽光の伸びで世界は400億ドルを節約し、2億3000万トンのCO_2の排出を回避した。中国では、前年から増えた電力需要分の92％を風力と太陽光でまかない、米国では81％にのぼった。

パリ協定の目標達成には遠く

ロシアのウクライナ侵攻を機に、各国は再生エネの普及に力を入れ始めた。ところが、複数の国際機関から地球温暖化の国際枠組み「パリ協定」の達成にはほど遠いとする報告書が相次いで公表されたのだ。

パリ協定は産業革命前からの気温上昇を2度未満、できれば1・5度以内に抑えることを求めている。気候変動に関する政府間パネル（IPCC）によると、上昇を1・5度に抑えるには30年までの排出量を10年比で45％、2度以内ならば25％それぞれ減らす必要がある。

だがCOP27より前の約1年間に国連に提出された各国の温暖化排出削減計画を気候変動枠組み条約事務局が調べたところ、10年比で減るどころか増えてしまうことが分かった[7]。22年10月下旬に公表された報告書は10・6％増えると分析した。21年段階の13・7％増よりは改善し、19年比で見ると、0・3％減で30年よりも前に地球の排出量がピークを迎える可能性も示された。しかし、パリ協定の目標達成には依然として遠いことが分かった。

国連環境計画（UNEP）もほぼ同時期に公表した報告書で、今世紀末の地球の気温上昇が2・4〜2・6度になる可能性が高いとの見方を示した[8]。UNEPの「排出ギャップ報告書」によると、21年10〜11月に英グラスゴーで開かれた第26回国連気候変動枠組み条約締約国会議（COP26）以降、各国による30年の排出削減目標の引き上げ幅は0・5ギガトンにとどまると推計した。0・5ギガトンは30年時点の予想排出量の1％に満たない。

すべての国が30年の目標を達成し、今世紀半ばに排出を実質ゼロにする約束を守るなどさらなる排出削減努力をすれば、1・8度に抑えられる可能性もある。しかし「現時点でこのシナリオは信頼するに足らない」と切り捨てた。

ロシアのウクライナ侵攻を機に各国は再生エネの拡大を強化した結果、IEAは世界の化石燃料の総需要が20年代半ばから減少に転じるとの見方を示す。石炭需要は今後数年で減少に転じるほか、天然ガスは30年までに頭打ちになる。石油は電気自動車（EV）の普及で30年代半ばにピークに達し、今世紀半ばにかけて緩やかに減少する。IEAは成長しながら化石燃料を減らすことは「エネルギー史で極めて重要な出来事だ」と指摘した。

図表5-2　パリ協定の達成は遠い

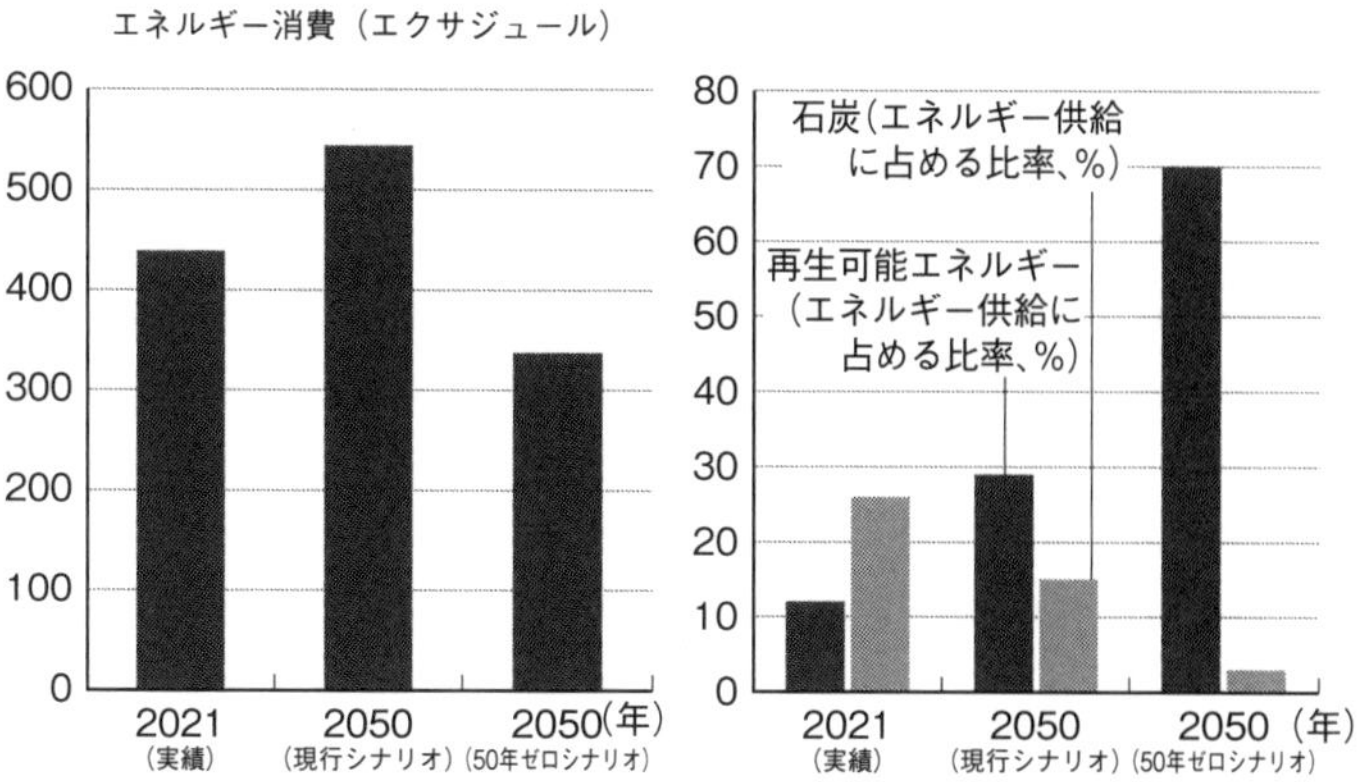

出所）IEA

それでもＩＥＡも気候変動枠組み条約事務局やＵＮＥＰと同様に今世紀末の気温上昇は2・5度になるとみる[9]。ＩＥＡのビロル事務局長が「気候変動ではなく、エネルギー安全保障（の視点）が各国をクリーンエネルギーに急がせている」というように、今のところの優先順位はエネルギー危機を乗り越えることにある。

では、地球の温暖化ガスの排出を50年に実質ゼロにするシナリオと、現行シナリオにはどれくらいの差があるのか。エネルギー消費を見てみると、現行シナリオでは50年には21年比で24%増えるが、50年ゼロのシナリオでは逆に23%減らさねばならない。現行シナリオでは、エネルギー供給に占める再生エネのシェアは29%に過ぎず、石炭は15%残るなど化石燃料はなお6割を占める。50年ゼロシナリオでは再生エネは70%で、石炭はＣ

CO_2を回収する装置をつけた上で3％残るだけだ。エネルギー起源のCO_2で見ても、現行シナリオは21年の366億トンから320億トンと、13％減るだけだ。

もちろん投資も格段に増やさねばならない。現行シナリオでは世界のクリーンエネルギー投資は30年までに現行の5割増の年間2兆ドルになる見通しだ。だが50年ゼロシナリオでは4兆ドル超が要る。UNEPのアンダーセン事務局長は、改革を徐々に進める時代は終わったと警告する。「経済と社会の根本的な変革だけが、加速する気候の災害から我々を救ってくれる」と各国の対策にスピード感が必要と力を込める。

3　原子力ルネッサンス再び

欧州、原発拡大の国相次ぐ

22年10月、スウェーデンに8年ぶりの右派政権が発足した。率いるのは穏健党のクリステション首相で、注目されたのは連立を組んだ3党に加え、極右とされるスウェーデン民主党が閣外から政権運営に協力することだ。同党は国内での犯罪の増加などを受けて、反移民などを訴え、第2党に躍り出た。穏健党は第3党だが、スウェーデン民主党には右派・

左派両党から警戒感が強く、穏健党が連立交渉の主導権を握った。この4党の政策協定書には同国のエネルギー政策を修正する内容が盛り込まれていた。

同国は45年に温暖化ガスの排出量を実質ゼロにする目標を掲げる。協定書は、同国のエネルギー政策の目標を、「再生エネ」を100％にするというのを「非化石燃料」と書き換えた。これは原子力発電が含まれることを意味する。新政権は4000億スウェーデンクローナ（約5兆1400億円）の保証枠を新設し、投資しやすい環境を整える方針を示した。さらに、停止した原子力発電所の再稼働を進めると明記し、運営するバッテンファルに運転再開に向けた準備を進めるよう指示した。クリステション首相は就任後の演説で「スウェーデンの原子力を維持、発展、拡大するための条件を抜本的に改善する」と力説した。

スウェーデンは79年に米国で起きたスリーマイル島原子力発電所の事故で脱原発を決め、10年までにすべての原発を停止する計画を定めた。だが脱化石燃料が進まないことから、10年に政府は脱原子力の方針を見直し、建て替えや新規建設に道を開く制度変更に踏み切った。現在の同国の電源構成を見ると、原子力は約3割を占め、水力に次いで大きい電源になっている。ただロシアのウクライナ侵攻に伴うエネルギー危機で、他の欧州諸国の影響に引っ張られ、同国でも電力料金が上昇した。原子力はより安定した発電が可能だとして推進する構えだ。北欧には豊富な水力があるが、フィンランドでも南西部にある大

フィンランド南西部にあるオルキルオト原発

型のオルキルオト原発3号機が22年から発電を始めた。

　ロシアのウクライナ侵攻で一変した世界のエネルギー環境は、多くの国が原子力の役割を見直すきっかけになった。英政府は22年4月に公表したエネルギーの安定供給に向けた新たな中長期計画で、30年までに原子炉を最大8基建設し、50年時点の原発比率を足元の16%程度から25%に引き上げる。再生エネなどとともに30年には足元の6割から95%を低炭素電源に移行できるとの見解を示した。エネルギーの脱ロシアを進めるとともに、電力料金などの安定が目的だ。エストニアも35年までに新たな原発を建設する計画がある。ロシアの侵攻前から検討していたフランスやオランダも予算の拡充など対応を加速している。

　欧州で無視できないのは、中・東欧の動きだ。ポーランドは22年11月、同国初の原発を米ウエスチングハウスの技術に基づいて建設すると決めた。投資額は約２００億ドルで、26年に着工し、33年の稼働をめざす。ハンガリー、チェコなども原子力発電の導入に積極的で、日米欧などの政府や原子力企業との協議を進めている。中東欧は、ポーランドを筆頭に石炭など化石燃料への依存度が高い。ＥＵが50年までに域内の温暖化ガスを実質ゼロにする目標達成に向けて動くなかで、原子力の重要性は増している。チェコは原発の新設に向けてフランスや韓国、米国などとの企業グループから事業者の選定を進めているほか、ルーマニアは米国の資金支援を得て23年にも建設が始まる予定だ。

結局のところ、今この時期に実用可能で大規模展開が可能な排出ゼロの電源は再生エネと原子力しかない。ＩＥＡによると、50年に地球の温暖化ガスを実質ゼロにするならば、原子力からのエネルギー供給はざっと2倍になり、そのシェアは12％になる。シェアが70％になる再生エネとともに、世界の経済や生活を支えるエネルギー源だ。

足元の世界のエネルギー構造には大きく2つの問題がある。1つは、世界は依然として化石燃料に過度に依存していること。そしてもう1つは、一部の北欧などの例外を除いて、風力と太陽光を合わせて電力の3分の1を超える電力を安定して得ることに成功した経済はないことだ。天候任せの再生エネだけに頼るのはリスクが伴う。再生エネは出力が不安定で、風が吹かなかったり、曇りが続いて太陽が出なかったりする事態も起こるからだ。

原子力は、この2つの問題を解決する可能性を秘めている。原子力には安全性への懸念や「核のごみ」と呼ばれる最終廃棄物の処分の問題があるのは確かだが、天候に左右されず、安定して発電できる原子力は再生エネを補完する電源になる。日本では巨大地震のリスクがつきまとうが、欧州では多くの地域で大きな地震はない。それゆえ、政治指導者も世論も、日本に比べて原発を受け入れやすい素地はある。

脱原発の巻き戻し　ドイツ、稼働延長

11年3月の東日本大震災に伴う東京電力福島第1原子力発電所の事故を機に、欧州には「脱原発」の波が起きた。最たる例がドイツだ。同年5月、連立与党は22年までに国内の17基を全面的に停止することで合意した。当時のメルケル首相は「福島の事故で原発の役割を再考する必要があった」と説明した上で「壮大な挑戦だが、将来世代に大きな好機をもたらす」と再生エネや省エネが原発の役割を補うとの考えを表明した。スイスとイタリアもそれぞれ国民投票を経て、脱原発を決めた。欧州を中心に「脱原発」の旋風が巻き起こったかに思われた。

だがその巻き戻しが起き始める。最大の要因は気候変動対策だ。ＥＵは10年代から温暖化ガスの排出削減を本格化し、フォンデアライエン欧州委員会になって一段とギアを入れたのはすでに書いたとおりだ。50年に域内の温暖化ガスの排出を実質ゼロにする目標を掲げ、その中間点として30年は90年比で55％減として従来の40％減から引き上げた。原子力は稼働中のCO_2の排出がなく、風力や太陽光と異なり、発電量は天候に左右されない。Ｅ

Uは19年時点で総発電量の26％を原子力が占める。

そして22年2月に始まったロシアのウクライナ侵攻で、エネルギー供給が脅かされるという危機感は強まった。エネルギー価格の急騰で自国の電力料金などが高騰し、企業経営や市民生活は大きな打撃を受けた。この教訓から、ロシア産化石燃料に頼るよりは、原子力を活用した方がよいとの判断に徐々に傾く。原子力も燃料のウランが必要で輸入に頼るのは変わりないが、比較的安く、エネルギー密度が高いため備蓄が容易だ。その上、燃料サイクルでより長く使えるため、化石燃料に比べれば依存度ははるかに下がる。日本は原子力を「準国産エネルギー」と位置づけている[10]。

ドイツはEU加盟国でロシアの化石燃料への依存度が大きかった。国策として脱原発があるなか、エネルギーの脱ロシアを進める必要性に迫られ、22年に停止する予定の3基を延命し、23年4月まで稼働可能な状態にしておくことを決めた。だがたった4カ月では、ロシア依存を切り替えられるわけはない。そこには複雑な政治事情があった。21年に発足したショルツ政権は、中道左派の独社会民主党（SPD）と環境政党の緑の党、産業界に近い自由民主党（FDP）の3党が連立を組んでいた。緑の党は再生エネには積極的だが、原発には慎重だ。一方でFDPは原発の活用を容認する。与党内の調整の結果、4カ月の延長で落ち着いた。

図表5-3　原子力への支持は高まっている

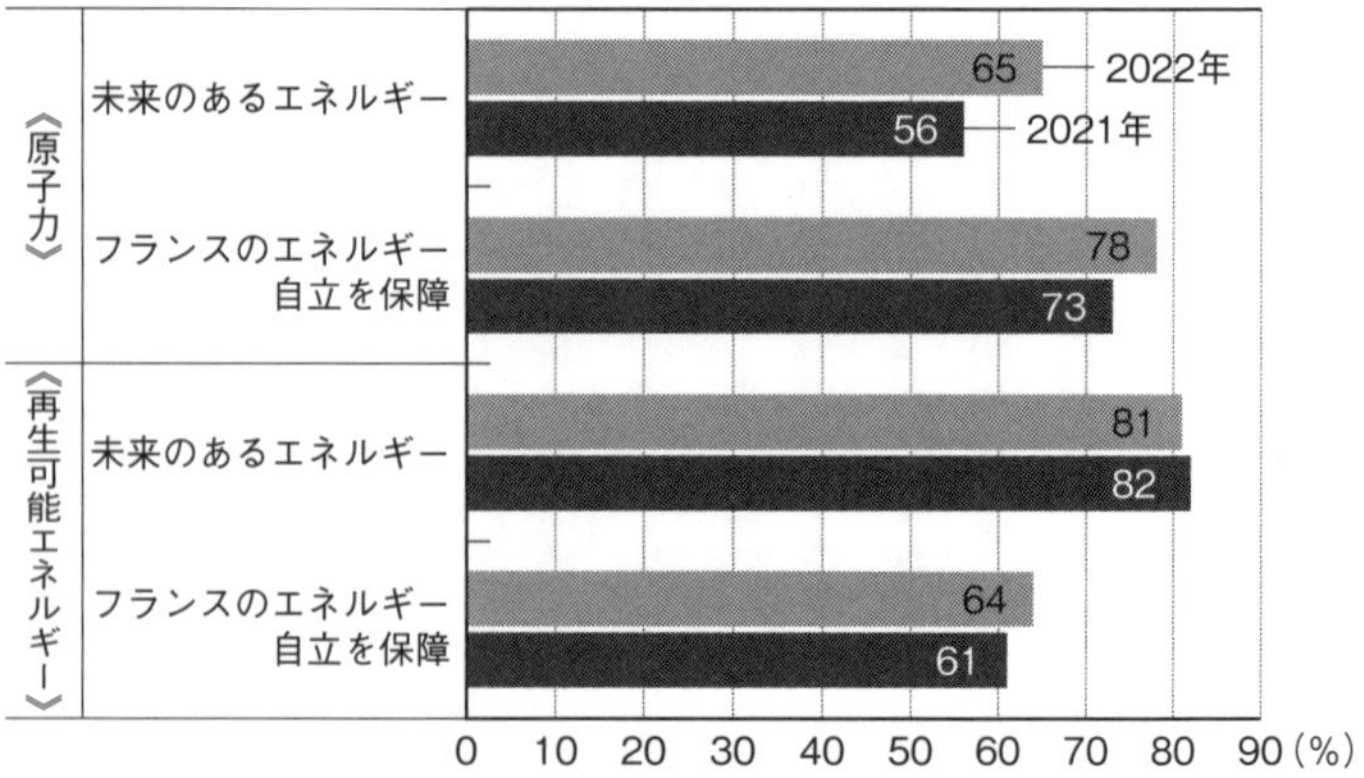

出所）仏エラブ、それぞれ11月の調査

ドイツに加え、ベルギーも脱原発の見直しに動いた。稼働中の7基の原発のうち、2基の稼働を10年間延長することを決めた。ベルギーは東日本大震災前から脱原発を決めていて、25年にすべての原子炉の運転を終了する計画だった。デクロー首相は22年7月のツイッターで「現在の不安定な地政学的状況で、わが国が十分な電力を確保できるようにすることをめざす」と表明した。

原子力大国フランスでも世論の変化は明らかだ。フランスは12～17年のオランド大統領時代に電力の75%を依存するエネルギー構造を改め、50%程度に減らすと決めた。オランド氏を継いだマクロン大統領も1期目の前半はその方針を踏襲したが、任期途中からは原発を新増設する方針にカジを切った。フランスの調査会社エラブが22年11月に公表した調査によると、原子力エネルギーは

「将来がある」と考えている仏国民は65%で前年よりも9ポイント上昇し、「フランスのエネルギーの自立に貢献する」との意見を支持するのは5ポイント増の78%に上がった。福島第1原発の事故以降、原発の安全対策費用は世界的に大きく上昇した。それでも原発は「安価だ」と答えた仏国民は62%(5ポイント増)いた。これは再生エネ(42%)を大きく上回り、原子力への信頼の高さがうかがえる[11]。

欧州だけでなく、日米も　リスクは

原発の価値を再発見したのは欧州だけではない。日本の岸田文雄首相は22年7月に冬に向けて最大で原発9基を稼働すると表明した。国内の消費電力の1割に相当する。そして8月には23年夏以降に最大で17基を再稼働させ、中長期的な電力確保に道筋をつける考えを示した。再稼働だけでは東日本大震災を機に停止した原発を動かすだけに過ぎないが、岸田首相はさらに新増設に踏み込んだ。古い原発を新しい次世代型の原発に建て替え、安全性を高める。これまでの新増設しない方針を転換した。21年度の日本の電源構成(発電量ベース)を見ると、7割以上が依然として火力だ。そして石炭やガスのほとんどは輸入する。ロシアからのガスなどの輸入の見通しが危うくなったとみて、原子力の活用が急務だと判断した。

エネルギー自給国の米国はロシアのウクライナ侵攻の直接の影響はないが、気候変動対策や安定した電力供給という点で再評価する動きが強まっている。イリノイ州では原発2基を閉鎖する計画を中止し、ジョージア州でも原子炉2基が建設中だ。米エネルギー省は老朽化した原発の運転を資金支援する施策を打ち出した。原子力は米国の電力の19％を供給している。80年に及ぶ長期の運転をめざす動きもある。

もちろん原子力の導入の動きは、特に新興国ではウクライナ侵攻以前から起きていた。経済発展に伴う電力需要の増加に対応するために、火力や原子力、再生エネなどすべての電源を活用するのが新興国の考え方だ。米国や欧州は現状の政策が続いたシナリオでは、50年までに原発の発電量はおおむね横ばいだが、中国は3倍、インドは8倍にもなる。

興味深いのは発展途上国だ。22年12月、国際通貨基金（ＩＭＦ）のサイトに興味深い分析が公表された[12]。原子力発電が発展する可能性が大きいのはアフリカだという。サハラ砂漠以南のアフリカでは6億人以上が今なお、電気や近代的な交通手段にアクセスできていない。太陽光を中心に再生エネは徐々に普及が進んでいるものの、とりわけ産業を支える規模になるのは難しい。農業でも安価な肥料が手に入らないため、小規模農家の収穫高は欧米の農家の5分の1だという。合成肥料の原料となるアンモニアを生産するには一定規模の工場が必要だ。そんななか、ガーナやケニア、ナイジェリア、南アフリカ、タンザニアなど多くのアフリカ諸国が原発に関心を示している。経済成長だけではなく、アフリカでは人口も増え、50年までに世界で最も人口の多い地域の1つになる。

だがアフリカに原発をつくるのが簡単ではない理由はいくつかある。1つは原子力という機微な技術を扱う人材の確保だ。大型の軽水炉は複雑な技術で、その維持と運用には高度な訓練を受けねばならない。西側諸国に学生らを留学させて、基本的なことから学ぶ必要がある。一方で、原子力先進国が取り組むのは次世代の新型原発で、安全性は格段に向上し、取り扱いやすくなる。原発を計画してから実際に完成するまでは少なくとも10年以上かかることを考えれば、現実的には次世代原発を可能にする技術革新を待つ必要があるだろう。2つ目は資金調達の問題だ。先進国はアフリカに環境分野での支援を拡大しているものの、政府系金融機関は原子力や水力を対象から除外している。援助国では原子力を支援することに慎重論が根強いためで、意識改革が求められそうだ。

原子力の復権には、再生エネ同様に政府の強力な政策と官民の投資が必要だ。IEAは50年までに世界が温暖化ガスの実質ゼロをめざすならば「原子力なしでは困難」とみる。原子力をフル活用するには、投資額を10年代では年間300億ドル程度だったのを30年までに1000億ドルに引き上げる必要があるとはじく。再生エネの必要投資額（30年までに年1・3兆ドル）に比べれば少ないが、小さい数字ではない。とりわけ日本では、政治的なハードルは高いものの、他国に頼らないエネルギー構造をつくり、50年の実質排出ゼロをめざすならば、強い意志で未来の道筋を示す必要がある。

原発普及の壁

COLUMN

原発の普及にはいくつかのハードルがある。まずは福島の第1原発の事故を機に膨らんだ建設コストの抑制だ。IEAによると、足元の事例では先進国では1キロワットあたりの建設コストは9000ドルという。これを他のエネルギーとの競争力の観点から、30年までに5000ドルに減らす必要があるとみる。同じ設計で、同じ敷地内に複数の原発を建設することなどで、コストを抑えるよう促す[13]。

そんななかで日米欧や中ロなどで実用化をめざす動きが広がっているのは、安全性を高め、コストを抑えられる「次世代原子炉」だ。

特に脚光を浴びているのが、小型モジュール炉（SMR）だ。出力は一般的な大型炉の3分の1以下で、工場で大半の設備をつくれ、短い工期で建設費も抑えられる。電源に頼らずに原子炉を冷やす構造などを採用し、安全性も高いとされる。米新興企業のニュースケールによると、米国内にSMRの発電所を設ける費用は1キロワットあたり

3000ドル以下という。同社は30年に北西部アイダホ州での稼働をめざしているほか、ルーマニアなどに建設する構想がある。

米マイクロソフト創業者のビル・ゲイツ氏が投資する米テラパワーも開発を進めている。ロシアは20年には国営ロスアトムが海上浮体式のSMRを稼働させた。日本は冷却材にヘリウムガスを使う高温ガス炉を、日本原子力研究開発機構が主導して開発を進めている。

次世代原子炉への期待は高く、最近になって新しい原子力に関する計画をまとめた英国やフランス、ベルギー、東欧諸国はSMRの開発といった記述を盛り込んでいる。英国はロールス・ロイスが中心となって政府の支援を受けながら、今後20年で16基を建設する。フランスでは初号機の30年までの稼働をめざして、政府が10億ユーロを支援している。既存の大型原発はコストや安全への不安から有権者の理解は得られにくいことから、今後は次世代原発が主流になりそうだ。

重要なのは、足元の原子力市場で、西側諸国が主導権を失っていることだ。脱原発の動きもあって、福島第1原発の事故以来、先進国での建設は停滞し、新たな計画はほとんどつくられなかった。フランスやフィンランドでは建設中だった仏主導の欧州加圧水型軽水炉(EPR)の大型炉は建設が大幅に遅れ、安全対策などのコストは膨らんだ。

フィンランドのオルキルオト原発3号機はEPRで、出力は160万キロワットと世界最大級だ。同国の14％の電力需要をまかなうという。オルキルオト3号機の建設が始まったのは05年で、完成は09年を予定していたが、10年以上遅れた。建設コストは30億ユーロから110億ユーロに膨らんだ。フランスで建設中の同型の原発も遅れとコスト増に苦しんでいる。

一方、工期がおおむね予定通りに進むのが中国やロシア製だ。IEAが6月に公表した報告書によると、17年以降に建設が始まった世界の原発31基のうち、27基が中国とロシア製だった。中国は国内を中心に建設し、ロシアは輸出で成果を上げている。原子力という安全保障に密接にかかわるエネルギーで、中ロが主要なプレーヤーになるのは西側諸国にとって好ましいことではない。気候変動とエネルギー安全保障に強く関与するためにも原子力産業を再び立て直す必要がある。

最後に、原子力発電を国内に持った国々が避けて通れない問題がある。「高レベル放射性廃棄物」（核のごみ）の最終処分だ。発電で使い終わった核燃料は放射能レベルが高く、安全に処分しなければならない。現時点で有力なのは、地下数百メートルの地下に埋めて、放射能が無害化される10万年単位で保管する手法とされる。それゆえ、どこに処分場をつくるかは各国にとって頭の痛い問題だ。放射能漏れといった事故や風評被

スウェーデンの最終処分に関する試験施設（オスカーシャム）

害を恐れて、地元住民や非政府組織（NGO）などが反対するのは目に見えているからだ。実際、英国やドイツでは処分場を選ぶ過程で地元の自治体や住民が反対して頓挫した経緯がある。日本でも処分地は決まっておらず、核のごみの多くは各原発の敷地内に保管されている。

　処分場の選定に成功したのはフィンランドとスウェーデンの北欧2カ国だけだ。フィンランドでは16年12月にオルキルオト原発と同じ場所で、処分場の建設が始まった。スウェーデンは22年1月に計画を承認し、30年代に実際の処分を始める計画だ。両国の原子力エネルギーへの支持は高く、それぞれの担当者は取材に「透明性が最も大事だ」と口をそろえた。政府と地元自治体、企業が協力して、地元住民への説明会を定期的に開いたり、見学用の施設をつくったりして地元の理解を深めてきた。フランスでも処分場の絞り込みが進んでいる。

1 European Commission.（2022年3月8日）. Questions and Answers on REPowerEU: Joint European action for more affordable, secure and sustainable energy.
参照先：https://ec.europa.eu/commission/presscorner/detail/en/qanda_22_1512

2 Energy Information Administration.（2022年3月14日）. Europe is a key destination for Russia's energy exports.
参照先：https://www.eia.gov/todayinenergy/detail.php?id=51618

3 Council of the European Union.（2023年3月15日）. EU sanctions against Russia explained.
参照先: https://www.consilium.europa.eu/en/policies/sanctions/restrictive-measures-against-russia-over-ukraine/sanctions-against-russia-explained/

4 European Commission.（2022年5月）. REPowerEU: affordable, secure and sustainable energy for Europe.
参照先: https://commission.europa.eu/strategy-and-policy/priorities-2019-2024/european-green-deal/repowereu-affordable-secure-and-sustainable-energy-europe_en

5 International Energy Agency.（2022年10月19日）. Defying expectations, CO2 emissions from global fossil fuel combustion are set to grow in 2022 by only a fraction of last year's big increase.
参照先: https://www.iea.org/news/defying-expectations-co2-emissions-from-global-fossil-fuel-combustion-are-set-to-grow-in-2022-by-only-a-fraction-of-last-year-s-big-increase

6 International Energy Agency.（2022年12月）. Renewables 2022.
参照先: https://www.iea.org/reports/renewables-2022

7 UNFCCC.（2022年10月26日）. Nationally determined contributions under the Paris Agreement. Synthesis report by the secretariat.

参照先：https://unfccc.int/documents/619180

8 UN Environment Programme.（2022年10月27日）. Emissions Gap Report 2022.
参照先：https://www.unep.org/resources/emissions-gap-report-2022

9 International Energy Agency.（2022年10月）. World Energy Outlook 2022.
参照先：https://www.iea.org/reports/world-energy-outlook-2022

10 経済産業省（２０２１年10月）エネルギー基本計画
参照先：https://www.meti.go.jp/press/2021/10/20211022005/20211022005-1.pdf

11 T. Nordhaus and T. Lloyd.（2022年12月）. Nuclear Resurgence.
参照先：https://www.imf.org/en/Publications/fandd/issues/2022/12/nuclear-resurgence-nordhaus-lloyd

12 ELABE.（2022年11月3日）. Le mix énergétique s'affirme comme solution privilégiée dans l'opinion au détriment du « tout renouvelable ».
参照先：https://elabe.fr/politique-energetique/

13 International Energy Agency.（2022年12月）. Renewables 2022.
参照先：https://www.iea.org/reports/nuclear-power-and-secure-energy-transitions

第6章

カーボンプライシング、EUの根幹世界の潮流に

環境覇権

欧州発、激化するパワーゲーム

Eco-hegemony

欧州連合（ＥＵ）は実際に域内の排出量削減をどう進めているのか。「カーボンプライシング」という手法を用いて、ＥＵはいかに効率的に、そして公平に排出削減をするか、制度設計に知恵を絞ってきた。カーボンプライシングには炭素税と排出量取引制度の2種類があるが、ＥＵは長い検討の末、排出量取引を選んだ。２００５年に始まった取引は当初は課題が多かったが、ノウハウを蓄積し、規制を強めてきた。

徐々に対象を拡大した結果、制度の対象部門では着実に排出削減が進んだ。足元では、50年に域内の温暖化ガスを実質ゼロにするために、対象を大幅に拡大することを決めた。新制度は個人の生活での負担が増す内容で強い反発もあったが、カーボン・ニュートラルを達成するには、排出がなかなか減らない部門の規制をいとわない姿勢を示したといえる。

もちろん、排出量取引は万能ではなく、デメリットもある。例えば、市場を使った制度のため、「排出枠」と呼ばれる事業者が排出する権利の価格が急騰して、企業の負担が増すといったリスクも現実になっている。だが制度のマイナス点は明るみに出たにもかかわらず、ＥＵを追いかけるように排出量取引を導入する国が相次いでいる。中国や韓国に加え、日本もついに重い腰を上げ始めた。

この章では、ＥＵの温暖化ガスの排出削減の根幹といえる排出量取引制度を中心に掘り下げ、世界がＥＵに追随する動きも紹介する。

1　CO_2の排出に価格付け

排出量取引制度（ＥＴＳ）

22年12月18日、欧州議会からプレスリリースが公表されたのは午前2時56分だった。加盟国からなる理事会と、欧州議会、欧州委員会は長時間の交渉の末、ＥＵの排出量取引制度（ＥＴＳ）の改革案で合意した。「ＥＵで交渉されたなかで最大の気候法案だ」。議会の交渉責任者を務めたピーター・リーゼ欧州議員はツイッターに投稿した。欧州委は30年に域内の温暖化ガス排出量を90年比55％減らす目標の達成に向けて、ＥＴＳ改革を含む包括対策を21年7月に提案していた。

05年に始まったＥＴＳは、排出削減目標の実現に向けたＥＵの政策の根幹と言える。英語ではEmissions Trading Systemと表記され、ＥＴＳと略す。ＥＵはこの制度を20年弱にわたってブラッシュアップし続けてきた。対象の温暖化ガスを増やしたり、部門を拡大したりするのはもちろん、複雑で難しい制度設計でノウハウを蓄積してきた。

制度の大まかな仕組みは、排出削減目標を持つ国や地域が、実現のために対象分野に排出上限（キャップ）を設ける。これは見方を変えると、排出できる権利と言え、「排出枠」と呼ばれる。事業者はこの排出枠に収まるよう排出を減らそうとするが、その枠を超えて排出してしまった場合、目標よりも多く削減した事業者から枠を購入し、超過分と相殺することができる。この方式はキャップ&トレードと言い、EUをはじめ世界の主流になっている。

排出枠が企業間で取引されても、対象全体の排出上限は守られるため、国としては排出削減目標を達成できる。ETSは炭素税とともに経済的な手法と呼ばれ、適切な制度設計がなされれば、費用負担面で最も効率的に排出を減らせる。二酸化炭素（CO_2）の排出に価格をつけるカーボンプライシング（Carbon Pricing）は各国や自治体がこぞって導入している。ETSでは、企業は自ら省エネなどして排出を減らすか、市場から排出枠を購入するか、コストが低いほうを選べる。排出枠は欧州エネルギー取引所（EEX）などで取引されている。

事業者が上限を守るよう厳しい罰則を設けるのが一般的だ。EUでは、上限を超過した分は翌年に持ち越して削減する必要があるほか、事業者名が公表される。さらに未達成分は1トンにつき100ユーロの罰金が科される。足元では市場で取引された排出枠価格が100ユーロ前後になったため、今後は引き上げられる可能性がある。罰金による抑止力を持たせるには、市場価格を大きく上回ることが必要だ。

ＥＴＳはＥＵの環境政策の基礎として位置づけられる。発電や鉄鋼などエネルギー多消費型の重厚長大な産業の排出抑制を促す制度だ。ＥＴＳでカバーできない部門は、努力分担規則（ＥＳＲ）で排出削減義務を課す。ＥＴＳとＥＳＲが、ＥＵの排出削減を規制する二大制度と言える。そこに再生可能エネルギー拡大や、車のCO_2規制やビルの省エネ義務といった政策が重層構造を形作っている。ＥＵの加盟国が独自に実施している政策もある。

カーボンプライシング

排出する炭素に価格をつけることをカーボンプライシングと呼ぶ。企業などが事業を通じてCO_2を出す分にお金を支払うことだ。具体的な手段はＥＴＳと炭素税に大別される。ＥＵはＥＴＳを導入しているが、加盟国ではＥＴＳ対象外の施設などには炭素税を課しているところもある。手法は異なるが、いずれも企業に温暖化ガスの排出に負担を設けることで、排出削減を促す目的は同じだ。

炭素税は、政府が決めた税率に基づき、CO_2を１トン出すと一定の金額を事業者が税金として支払う。具体的には石油や石炭、ガソリンなどを対象に燃料のCO_2排出に応じ

図表 6-1　排出量取引と炭素税の比較

	概要	長所・短所
排出量取引	・政府が排出上限を設定 ・企業などは削減目標の過不足分を排出枠として売買	・制度設計が複雑 ・排出総量を見通しやすい
炭素税	・CO_2の排出に応じて課税 ・対象は石炭やガソリンなど	・制度設計は比較的簡単 ・排出削減量に不確実性

て税額を決める。一方、ＥＴＳでは、政府が定めるのはCO_2など温暖化ガスの排出上限で、炭素価格は市場で決まる。両制度とも政府が強く関与するが、炭素税は政府が炭素価格そのものを決め、排出量取引は政府が排出上限を設定する。

それぞれの手法にはプラス、マイナスの両面がある[1]。炭素税は燃料のCO_2排出に応じて課税するため、制度としてはシンプルだ。支払う価格が一定であるため、企業活動の予見可能性が高い。既存の税制度を応用できるため、行政の執行コストは低い。負担分が広く製品価格に転嫁されれば、社会のなかでの負担が均等になって最適化につながるほか、一定の税収も見込める。だが排出を減らすという国の目的の観点からは不確実性がある。炭素税は排出量を規制するわけではないため、最終的な排出がどの程度になるかは見通しにくい。炭素税の負担があっても、企業は排出を増やして事業を拡大してしまう可能性はある。

炭素税とは異なり、ＥＴＳは排出総量を規制する。守れなければ罰則を科すなどして排出減に強制力を持たせることで、国の目標に沿った削減を見込める。例えば、省エネが進んでいる企業は排出枠を市場から買ったほうが支出を抑えられる一方、低コストで排出を減らすことができる企業は自ら省エネや再生エネ導入を進め、余った排出枠を売却できる、というように社会全体として効率的に排出を減らせる。また制度内容によっては、炭素税同様に政府が排出枠の売却益として収入を得ることも可能だ。

ただＥＴＳのデメリットは少なくない。この制度は排出総量を規制するが、１トンあたりの排出にかかる価格については市場任せだ。それゆえ、価格が乱高下するリスクがある。企業にとって先行きが見通しにくく、市場が荒れた場合は経営戦略を立てにくい。実際、ＥＵでは排出枠価格の急騰が問題になったこともあった。

ＥＴＳで最も難しいのは制度設計だ。国の排出削減目標を定めたのち、各業界や企業にどう排出枠を割り当てるのかは簡単ではない。過大な排出上限を設定すると、事業者に排出を減らすインセンティブは生まれない。市場で取引される排出枠価格は下落し、市場から排出枠を簡単に調達できてしまう。逆に厳しすぎる排出上限では企業が排出を減らすコストが大きくなり、価格も高騰する。加えて、企業の排出量は景気によって変動するため、温暖化対策以外の要因も加味して排出枠を決めなければならない。ＥＴＳを導入した韓国では政府を相手取って訴訟する事業者が相次いでいる。複雑なルールを運用するため、監視などに当たる多くの人員が必要など行政の執行コストは高くなる。

ある国・地域だけでETSを導入すると、カーボン・リーケージが起きるリスクが高まる。企業が厳しい規制を嫌って、緩いルールの国に事業所を移転してしまうことだ。これはETS導入国の競争力の低下につながるほか、世界的な視点で見れば排出量は減らず、地球温暖化防止にはつながらない。EUはカーボン・リーケージを防ぐため、環境規制の緩い国からの輸入品で事実上の関税をかける国境炭素調整措置（CBAM、国境炭素税）を導入する構えだ。

EU-ETS導入の経緯

実はEUは当初、排出量制度ではなく、炭素税の導入を検討していた。90年代、経済学者の多くが、制度のわかりやすさから炭素税を推していた。欧州委員会が92年に公表した炭素税とエネルギー税を組み合わせた税制案は、EU規模のカーボンプライシング制度の初めての提案だった。

EUのETSが始まったのは05年だが、環境問題への意識の高まりを背景に、EU内部では炭素の価格付けの検討は80年代から始まっていた。これは87年に単一欧州議定書が発効したことも大きい。EUの前身である欧州石炭鉄鋼共同体（ECSC）創設から40年弱がたち、欧州の統合が深まった一方、加盟国間の法令などのズレが問題になっていたからだ。環境政策を含めて、欧州を一つの市場として制度の調和を推進しようとする機運が高まっていた。

だが欧州委の提案には複数の加盟国が反発した。主な理由は、ＥＵが税の分野で大きな権限を持つことに慎重論が強かったことだ。税は主権に密接にかかわるため、加盟国はおいそれと譲歩できない。その上で税負担が増えれば、有権者の不満が加盟国政府に向かいかねず、簡単ではない問題だった。結局、この提案は10年近い交渉の末、断念された[2]。

こうした経緯から、欧州委はカーボンプライシングのもう一つの手法、ＥＴＳの採用に傾いていく。しかし前述のように炭素税と違って制度設計は複雑で、そうやすやすとＥＵに合った制度像を描けるわけではない。

そこで欧州委がヒントを得たのが、95年に酸性雨対策（ＡＲＰ）として導入された米国の取り組みだった。80年の水準から二酸化硫黄（SO_2）を１０００万トン削減することをめざし、石炭火力発電所を対象として始まった。上限を設けて過不足分の売買を認めるキャップ&トレード制で、複数の段階を経て、２０１０年時点の排出は１９８０年代の半分以下にまで減った[3]。実は京都議定書に排出量取引制度を明記するよう求めたのは、最終的に議定書の批准を拒否した米国だった。米国はＳＯ２制度を経験し、制度は機能すると確信を深めた。

米国のＡＲＰは排出量取引の成功例として関心を集め、欧州委は研究を重ねた。税と異なり、排出量取引は環境政策で、全会一致ではなく、ＥＵ独自の特定多数決で導入を決められる。そして03年、ＥＵ加盟国は欧州委の新たな提案に基づき、電力業者と製造業の一部を対象にした排出量取引制度を05年から始めることで合意した。

排出削減の実績は出ている。対象事業者の拡大や目標の深掘りを重ね、今では約１万の事業者などが対象となり、ＥＴＳの対象部門は20年に05年比で42・８％の排出削減を達成した。ＥＴＳはＥＵの温暖化ガス排出の約４割をカバーしている。排出枠のオークションによる販売収益は13年から21年にかけて１０００億ユーロを超え、加盟国の財政を支えている。

ＥＵのＥＴＳは21年から第４期に入った。新型コロナウイルスの感染拡大やロシアのウクライナ侵攻に端を発するエネルギー危機の拡大で、さらに強化される方向だ。

2 ETS、EUの環境政策の根幹に

EU－ETSの進展

「消費者の負担を増やすのは反対だ」「もっと別の方法がある」。21年7月に欧州委がETSの改革案を公表した際、欧州議員や加盟国の一部からは強い反発が起きた。その標的は、ETSを市民生活に密接にかかわる自動車や住宅にも広げようとする法案だった。議員や加盟国は有権者の不満が高まるのを恐れて、当初は慎重な姿勢を示した。だが結局は、22年12月に法案成立のメドが立った。踏み込んだ提案への反発を乗り越えて、ETSは進化してきた。

EUのETSは05年以降、4期に分けて強化されてきた。そして新型コロナウイルス禍やロシアのウクライナ侵攻を機にさらに強化されているが、ここではEU－ETSの推移[4]を見ていこう。まず第1期（05～07年）は発電や製造業の大型の施設の二酸化炭素（CO_2）だけを対象にした。第2期（08～12年）からはノルウェーやアイスランド、リヒテンシュタインのEU非加盟の3カ国が加わった。対象ガスも施設も同じだったが、最終段階の12年に

は航空部門が加わり、域内の航空路線が規制対象になった。

第1期は08年から始まる京都議定書の第1約束期間（12年まで）を前にした試行期間と位置づけられた。それゆえ、第1期と第2期は共通点が多い。排出枠は、加盟国が企業などの過去の排出量に基づいて国家割り当て計画（NAP）を作成し、対象部門に多くを無償で割り当てた。第1期は05年比で8・3％増としており、あくまで実証実験だったことがうかがえる。排出枠の配分や排出量の報告などをどう適切に進めるのかノウハウの蓄積に努めた。第2期はEUとして京都議定書に定められた90年比8％減の目標を守る必要があったため、05年比で1・9％減らすキャップが設けられた。

第3期（13〜20年）はEUの20年の温暖化ガス排出削減目標である90年比20％減を達成するのが目的で、第2期までの制度とは大きく変わった。まず対象施設がより多くの産業部門が対象になったのに加え、対象ガスもCO_2に加え、一部の用途では亜酸化窒素（N_2O）やPFC（パーフルオロカーボン）が追加された。排出上限は08〜12年の平均から毎年1・74％減らされる。

排出上限の設定方法も変更した。従来は過去の排出を基準に決めていた（グランドファザリング方式）が、この方法だと過去に省エネなどをせずに多くの排出をしていた事業者が得になるため、排出を減らすインセンティブが働かない。そこで各業界で先端技術や知見を使った場合のデータを用いて、上限を設定するベンチマーク方式を採用した。データの入手など難しい面もあるが、この手法では、生産量あたりのエネルギー消費量などを根拠にできるため、過去に省エネ対策をしてきた企業が有利になる。

排出枠の配分は、カーボン・リーケージが懸念される産業には無償枠を残したが、入札方式にほぼ全面的に移行した。同方式は、部門の排出上限を定めた上で、その分を排出枠としてオークションで売り出す。事業者は自らがどの程度の排出があるかを見極め、必要な排出枠を購入する。無償配分とは異なり、オークションでの売却益は収入につながる。21年には収入は310億ユーロとなり、前年からざっと2倍になった。その多くが加盟国の国庫に入り、環境政策などに使われている。20年にはスイスの制度とEU－ETSが相互接続された。EUとスイスで認められた排出枠がお互いの市場で取引できるようになった。

欧州環境庁（EEA）によると、EUの全体の排出量は20年に90年比34％減り、20％という目標を大幅に上回って達成した。20年は新型コロナウイルスの感染拡大で経済活動が鈍った影響が大きいが、19年時点で26％を減らしていた。けん引したのは製造業で、ETSによる規制が強化され、企業は排出削減に向けて再生可能エネルギーの導入や省エネ対策に力を入れた。

EU－ETSの現在と今後

そしてETSは足元で第4期（21～30年）に入った。30年までに域内の温暖化ガスの排出削減目標を達成するのが目的だ。第4期の制度設計は17年にまとまったが、フォンデアライエン欧州委員会が30年の目標を40%減から55%減に引き上げたことを受け、第4期が始まったばかりにもかかわらず、制度を改正する必要があった。

欧州委員会は21年7月にETS改正を含む包括対策を提案し、理事会と欧州議会が22年12月に合意に達した。40%と55%の差は大きく、毎年のキャップの減少率は2・2%だったのが、新たな合意では24～27年は4・3%、28～30年は4・4%と大幅に引き上げられた。ETSの対象部門の削減目標は30年に05年比で62%減となった。従来は43%減だった。ETSの対象として、海運が加わり、温暖化ガスの一種、メタンも対象とする。ゴミの焼却施設も含めることで一致した。排出枠のオークション収入の一部を、革新的な技術やエネルギーシステムの近代化により多く投入する。

この合意では、EUが23年10月から報告義務などを導入する国境炭素調整措置（CBAM、国境炭素税）との調整が図られた。EUはカーボン・リーケージが起きやすいと考えられる鉄鋼などの産業に無償で排出枠を与えている。第4期でも無償枠は継続されたが、CB

AMは域内外の負担を公平にするための措置で、環境規制の緩い国からの輸入品で事実上の関税をかける。それゆえ、CBAMの導入で無償枠は不要になるとして、26年以降段階的に削減して、34年までになくす。この合意で、CBAMは26年から実際の金額の支払いが始まり、34年に完全実施することが確定した。

最も重要で注目されるのが、EUのETSⅡと呼ばれる新たな仕組みだ。交通とビルを対象にした従来のETSとは異なる別建ての排出量取引制度となる。市民生活に踏み込む内容で影響が大きく、成立までに大きな論争を呼び起こした。

これを理解するには、既存のETSが網羅していない部門に視線を向ける必要がある。ETSは域内の排出量の4割をカバーするが、残りは規制対象外だ。EUはETSの代わりに「努力分担規則」(ESR、Effort Sharing Regulation)を設け、加盟国に削減義務を課している。ETSの対象が電力や製造業など大型の施設を対象にする一方、ESRは建物や道路交通、農業、廃棄物といった小規模な排出源が対象だ。

達成手段は主に各国に委ねられ、ある程度の柔軟性が認められている。排出量をその年の目標を超えて減らした場合、その分を次の年の目標に充当できる。一方で、目標を達成できなかった場合は、翌年の目標から「前借り」することが可能だ。一定の制限はあるが、融通の利く制度にして、経済や政治情勢の変化に対応できるようにする。加盟国間で排出

図表 6-2　EUでは交通などの排出削減が課題（部門別排出量）

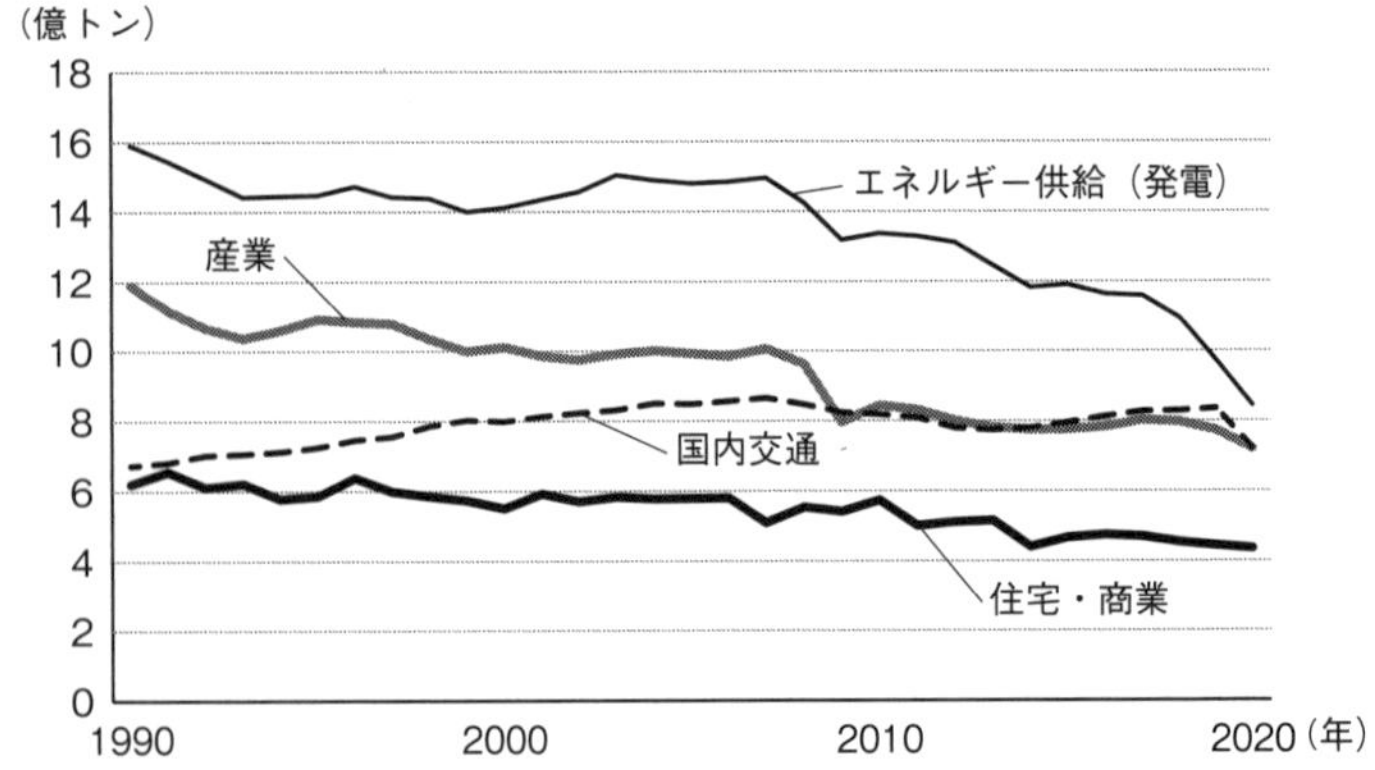

出所）欧州環境庁

枠を売買できることも特徴だ。

ＥＳＲは中小の事業者が削減を求められるため、加盟国間の目標には差を設けている。豊かな国は厳しい目標で、貧しい国は緩やかな目標を持つ。22年11月、ＥＳＲのＥＵ全体の目標として30年までに05年比で従来目標の29％から引き上げ、40％減らす目標で合意した。国別ではスウェーデンやフィンランド、ルクセンブルクなどは30年までに50％減らすのに対して、ブルガリアは10％、ルーマニアが12・7％それぞれ減らすことになる。

だがＥＳＲは、ＥＴＳのような実績を挙げられていないのが実態だ。ＥＵの排出量を見ると、その傾向がわかりやすく見て取れる。20年は発電などのエネルギー供給部門の排出量が90年に比べて半分近く、産業部門は約４割それぞれ減ったのに比べ、交通部門は７％増えた。政府は電力事業者や一般的な企業には規制を導入しやすいが、市民の行動を縛るのは難しい。住宅・ビル部門は3割減だが、発電や産業より減少ペースは鈍い。日本は東日本大震災を機にエネルギー構成が大幅に変わったため、比較するのは難しいが、家庭部門の排出に占めるシェアは増えている。

ETSⅡ、消費者の変化促す

従来のETSではとらえきれなかった部門の排出減を促すのが、新たな制度だ。従来とは別の新たな排出量取引制度をつくり、交通と住宅・ビルで使われる燃料に炭素価格を課す[5]。実際に対応するのは燃料の販売事業者で、ガソリンを売るにはCO_2を出す量に応じて「排出枠」を買わなければならない。事業者は排出枠の購入分をガソリンやヒーティングオイルの価格に転嫁するため、消費者は自家用車や冷暖房の利用を控えることが期待される。

これは先行導入したドイツの事例にならっている[6]。

運輸部門の排出減は課題の1つ（ブリュッセルのガソリンスタンド）

ドイツでの現状の仕組みではまず国が業界ごとにCO_2を出してよい量を決めた上で、CO_2に価格をつける。事業者は排出枠を買い、余ったら市場で売れるが、事業者にとっては追加のコスト負担になる。当初の5年間は導入期間として排出枠の価格は固定され、21年はCO_2の排出量1トンあたり25ユーロに設定された。段階的に引き上げられ、25年には2倍弱の45ユーロになる。26年からは入札形式で、需要に応じて価格を決める仕組みが提示された。ドイツ連邦環境庁によると、EU－ETSとドイツ独自のETSの22年の収入は計132億ユーロと過去最高を記録した。

事業者は新たに排出枠の購入にかかる費用をガソリンやヒーティングオイルの価格に転嫁する。実際、21年の導入によりドイツのガソリン価格は1リットルあたり約7ユーロセント値上がりした。枠の価格が約2倍になる25年には、値上がり額もそれに合わせて上がるとみられている。

EUでは排出枠をオークションで売る形式を当初から一部で導入する見通しだ。対象が事業者なのは、制度設計が複雑になることに加え、有権者の反発を意識したためだろう。実際、欧州委員会が21年7月にこの案を公表した際、欧州議会や加盟国から反発の声が相次いだ。脳裏にあったのは、フランスで起きた全国規模の反政権運動「黄色いベスト」だ。多くの労働者が、政府の気候変動対策を目的にした燃料費の増税に反発し、暴動にまで発展した。

政治家が消費者への負担増に慎重になるのは世界共通で、ＥＵも同じだった。この政策は大衆迎合主義（ポピュリズム）政党が「ＥＵは市民の生活を狙い撃ちしている」などと批判する格好の対象になりかねない。だが欧州委の幹部は取材に「排出ゼロの達成に向け、経済をグリーン化するには、例外なくすべての部門が貢献しなければならない」と交通と建物も除外できないと強い姿勢を示した。

欧州委、理事会、議会の協議の結果、欧州委案では26年としていた導入時期を27年にすることで合意した。加えて経済状況に応じてさらに1年遅らせる条項も盛り込んだ。従来の排出量取引制度と別の体系にしたのは、従来制度は排出枠価格の急騰を経験したためだ。交通と住宅・ビルも同じ枠組みにすれば、排出枠価格の上昇は燃料価格を押し上げて、消費者の生活に悪影響を与えかねない。30年までは1トンあたりの価格上限を45ユーロにすることも申し合わせたほか、新制度の収入は新たに創設する「社会気候基金」（867億ユーロ規模）に投入され、脆弱な家庭や中小企業を支援することも確認した。

国民に痛みを強いる改革は、政治的にハードルが高い。だがそれを乗り越えなければ排出ゼロは実現できない。ＥＵの政策が成功するかはまだ見えないが、大胆な政策の導入は日本をはじめとして世界の参考になるだろう。

3　世界に広がるETS

上昇する排出枠価格

21年末、欧州の市場で取引される排出枠の価格は1トンあたり100ユーロに迫り、過去最高を更新し続けていた。あるEU高官は取材に語った。「急激な価格変動は避けたいが、この水準自体に驚きはない」。

価格の推移を見ると、制度開設当初は1トンあたり20〜30ユーロで推移していたが、京都議定書の第一約束期間（08〜12年）が終わると、日本やカナダなどの離脱による京都議定書の形骸化の進行と、欧州債務危機による景気低迷で排出枠の需要が落ち込んで10ユーロ以下に沈んだ。

緩やかに価格が上向き始めたのはEUが環境政策を強化し始めた18年ごろで、フォンデアライエン欧州委員会が発足した19年を機に上げ幅を大きくした。21年10〜11月に開かれた第26回国連気候変動枠組み条約締約国会議（COP26）では、国際社会が脱石炭を打ち出した上で、温暖化対策の国際枠組み「パリ協定」に明記された「産業革命前からの気温上昇

図表 6-3　EU の排出枠の価格は上昇傾向

出所）英エンバー

を1・5度以内に抑える」目標を支持した。さらにEUが50年に域内の温暖化ガスを実質ゼロにする目標の実現に向けて、具体策を相次ぎ打ち出し、過去最高を更新した。

世界とEUで温暖化対策が一段と厳しくなり、排出枠の需要増を見越してマネーが流入した格好だ。ロシアのウクライナ侵攻前だが、天然ガス価格の高騰で石炭や石油での代替発電を迫られた電力会社などの引き合いも増えていた。

排出枠の価格急騰は加盟国や企業の不安を招いた。排出枠購入の負担が企業経営の重荷になりかねないからだ。まして当時の経済は新型コロナ禍からの回復の途上にあった。排出枠価格が製品やサービスに転嫁されれば、利用者への不満が高まりかねない。加盟国からは「投機マネーが流入している」との声が強まり、ポーランドなどは「投機筋」の排除を要求した。EUの金融監督当局である欧州証券市場監督機構（ＥＳＭＡ）〔７〕は排出量取引市場を調査した結果、22年３月に投機マネーの流入は限定的との報告書を公表し、実需に基づいて価格が上昇しているとの見方を示した。

一方で、環境政党からは「なお価格は低すぎる」（欧州議会の緑の党議員）との見方が多い。実際、国際エネルギー機関（ＩＥＡ）は50年に地球が実質排出ゼロになるには、先進国の排出枠の価格は30年で１４０ドル、50年で２５０ドルになるとみる。主要中銀が加盟する「気候変動リスクに係る金融当局ネットワーク（ＮＧＦＳ）」は30年に１６０ドルになるとはじく。投機を除けば、排出枠の価格は1トンの排出を減らすコストと言い換えられる。それゆえ、対策が進めばコストは一段と増えるのが自然だ。

そして排出枠が必要なのは欧州だけではない。各国がこぞって今世紀半ばまでの実質排出ゼロを打ち出したいま、世界的に排出規制が厳しくなるのは確実だ。いずれ企業が排出枠を求めて、世界の市場から買い集める事態も十分にありうるシナリオだ。実際、ＥＴＳを導入する国は増えており、排出枠価格が中長期で下落することは考えにくい。

中韓など相次ぐ採用　日本も検討

21年7月16日、中国のＥＴＳが始まった。開始直後は制度の対象は発電事業者に限られるが、２０００強の発電所の排出量は40億トン強にのぼり、中国のCO_2排出量の４割をカバーする。世界最大の排出量取引市場の誕生だった。

中国政府はセメントやアルミニウムなども順次対象に加える方針だ。中国は13年から一部地域で導入し、北京や上海など7自治体で排出量取引を試行し、全国規模の導入に向けてノウハウを蓄積してきた。ＥＵの当局者は取材に「ＥＵの知見を中国に伝えてきた」と、中国の排出量取引制度立ち上げを支援してきたと明かす。

制度はまだ始まったばかりで、金融情報会社リフィニティブによると、22年1～6月の平均取引価格は1トンあたり7～8ユーロだった。ＥＵはそのざっと10倍だ。中国当局は排出枠の配分などを緩めに設定しているとみられ、現時点では試行段階とみている可能性がある。だが世界最大の排出国である中国がカーボンプライシングの手法を導入した意味は大きい。今後、より規制が厳格になり、取引市場が活発になるのは確実とみられるからだ。

ＥＴＳはＥＵが05年に始めて世界に広がった。ＥＵ加盟国だった英国はもちろん、欧州

日本にも炭素価格を導入する動き。GX リーグ発足式（2022 年 6 月 10 日、時事）

ではスイスが導入している。韓国やカナダ、カザフスタンでも実施済みだ。多少なりとも、先行事例のＥＵを参考にしたのは間違いない。世界銀行によると、ブラジルやチリ、ナイジェリアやパキスタン、トルコのほか、インドネシアやベトナムも検討を進めている[8]。

日本では、東京都が10年度に産業部門に加えて、オフィスや商業ビルを対象にした排出量取引制度を始めた。ビルや工場に削減義務率を定め、毎年の排出量の報告を求めている。約１２００の事業所が対象で、21年度には基準年比で33%の削減を達成した。東京では一定の成果が出ていたが、日本には国全体での制度が長らくなかった。

細々とした制度はあったものの、日本政府はようやく重い腰を上げた。23年度に企業の自主設定する目標をもとに「ＧＸリーグＥＴＳ」を立ち上げる。これを発展させる形で、26年度には規制をより強化する形で、本格導入する構えだ。33年度には電力会社に排出枠の購入を義務付ける。

ＥＴＳは制度設計が難しいのは何度も触れた。それゆえ、ＥＵは05～07年のフェーズ１

を試行期間と位置づけた。この期間は、企業に過度な負担が出ないよう緩やかな内容にとどめ、市場で炭素価格がどう形成されるか、排出量の報告や検証に必要なルールがしっかりと機能するか、といった課題の洗い出しと、ノウハウの蓄積に力を注いだ。08年に始まる京都議定書の実施期間からの本格的な運用を計画していたのだ。

後発組の日本はEUなど先行した国・地域のノウハウを生かせるとはいえ、日本の特性や企業文化にあった制度にするには一定の時間がかかるだろう。EUとの約20年の差を埋めるのは容易ではない。

先行したEUと、世界最大の市場を持つ中国が排出量取引の二大市場になるシナリオはあながち夢物語ではない。世界は実質排出ゼロに向かっており、排出枠の需要は今後膨らむのは確実だ。市場では取引が活発になり、マネーが集中し、世界の排出枠価格はEUと中国で決まることになる。さらに時間はかかるが、EUと中国の排出枠が同等と見なされれば、両市場が相互接続することも考えられる。そうなれば、市場のルール形成への影響力をEUと中国が握ることになる。

急成長するボランタリー市場

EUや中国などで実施されている排出量取引制度は、地域・国による枠組みだが、非政府組織（ＮＧＯ）など民間主導のボランタリー市場が活発になっている。自らの排出を実質ゼロにすると宣言する企業などが増えてきたため、一定の基準をつくって企業間で排出枠をやりとりする仕組みだ。米ベラが運営するＶＣＳや世界自然保護基金（ＷＷＦ）などが主導してつくられたゴールド・スタンダードが有名だ。

ボストン・コンサルティング・グループ（ＢＣＧ）によると、ボランタリーの市場規模は21年に20億ドルを超え、前年の４倍になった。官主導の市場規模に比べると成長途上にあるが、30年までに１００億～４００億ドルに拡大するとの予測もある〔９〕。国際民間航空機関（ＩＣＡＯ）では、20年以降に温暖化ガスの排出量を増加させない目標達成に向けて、21年に新制度「ＣＯＲＳＩＡ」が始まった。航空会社は排出枠を調達して一定の排出上限を守る必要があるなど、市場拡大する要因は少なくない。また、ボランタリーの排出枠を購入することで、液化天然ガス（ＬＮＧ）からの排出をゼロと見なす取り組みも出ている。英シェルは19年６月に東京ガスと韓国のＧＳエナジーに排出ゼロのＬＮＧを販売した。

官主導のＥＴＳの排出枠はその国のなかでしか認められていないことが多いが、ボランタリーならば世界から排出枠を調達できる。取引もビジネス主導のため、迅速だ。一方で、ボランタリー市場を管理する団体によっては、排出枠の認定に関する信頼性は国主導制度よりも劣る可能性がある。足元では、破壊される恐れがない森林を保護対象として排出枠を売買するなど、詐欺まがいの取引も問題視されている。透明性を高め、信頼性をいかに確保するかが課題となる。

23年初頭には、信頼性の高いボランタリーの排出枠を取り扱う取引ネットワーク「カーボン・プレイス」が動き出した。ＵＢＳやＢＮＰパリバ、三井住友銀行など金融機関が参加して、排出枠を売りたい企業と買いたい企業を引き合わせ、取引を簡単にできるようにする狙いだ。

官主導の制度と、ボランタリー市場は、補完しながら成長するだろう。そして、いずれは排出枠をお互いの制度で使えるようにする可能性もある。温暖化対策がより進むとともに、新しいビジネスが生まれることになる。

EUの法律

COLUMN

本書で扱うEUの政策のほとんどがEU法に基づいているが、EUの法律にはいくつかの種類がある。報道では「指令」「規則」などをよく目にするが、法的な効力は少し異なる。どういう違いがあるのか、整理しておこう。

まずEUの憲法といえるのが、EUの基本条約だ。09年に発効したリスボン条約での改正を受け、EU条約（TEU）とEU機能条約（TFEU）からなる。EU条約はEUの目的や主要機関の統治を定めている。EU機能条約はEUの政策分野での範囲を定義し、EU法の具体的な基礎になっている。EUの基本条約に基づき、法律は制定されるが、適用範囲の広さや法的拘束力の強さによって名称が変わる。

最も強力なのが「規則」（Regulation）だ。欧州議会と、加盟国からなる理事会で採択されれば、すべての加盟国で効力を持つ。加盟国内の手続きは不要だ。効力を持つと、同様の内容を扱う国内法に優先し、加盟国はその後の国内法を改定する際にも、EUの規則を尊重しなければならない。ESRはこれに当たる。有名なのは化学物質規制の「REACH規則」があるほか、EU域内の携帯電話のローミング料金を廃止する規則もある。

2つ目は「指令」(Directive)だ。すべてのEU加盟国が達成しなければならない目標を定めた法律といえる。加盟国はこの目標を達成するために、必要に応じて新法をつくったり、既存法を改正したりするなどして、指令内容を定められた期間内に国内法に反映させる。つまり、目標はEUが定めるもののその実行をどうするかは加盟国に委ねられている。それゆえ、既存法でEUの目標が達成できると判断すれば改正などをする必要もない。

このため、EUの指令を加盟国ごとに見ると、規制にばらつきが出る場合がある。欧州委員会は指令に定められた目標達成のため、加盟国内でしっかり対応されているかを監視し、必要に応じて是正を求める。改善されなければ、EUの裁判所に訴えることができる。ETSは指令に基づいている。電気・電子機器の有害物質規制「RoHS指令」や使い捨てプラスチック使用の削減を規定した指令も知られている。

決定(Decision)は、ある特定の加盟国や、企業に直接適用される法律だ。クロアチアは23年1月に単一通貨ユーロを導入したが、これはクロアチアだけが対象のため、決定に基づく。このほか「勧告（recommendation）」や「意見（Opinion）」があるが、いずれも原則として法的拘束力は持たない。

1 経済産業省（２０２１年４月）成長に資するカーボンプライシングについて③
参照先: https://www.meti.go.jp/shingikai/energy_environment/carbon_neutral_jitsugen/pdf/004_02_00.pdf

2 Jos Delbeke and Peter Vis.（2019）. Towards a Climate-Neutral Europe. Routledge.

3 United States Environmental Protection Agency.（2022年6月24日）. Acid Rain Program.
参照先: https://www.epa.gov/acidrain/acid-rain-program

4 地球環境戦略研究機関（2019年3月）欧州連合域内排出量取引制度の解説
参照先:https://www.iges.or.jp/jp/publication_documents/pub/workingpaper/jp/6739/EU-ETS+working+paper+%280322+final+rev2%29+.pdf

5 Council of the European Union.（2022年12月18日）. 'Fit for 55': Council and Parliament reach provisional deal on EU emissions trading system and the Social Climate Fund.
参照先: https://www.consilium.europa.eu/en/press/press-releases/2022/12/18/fit-for-55-council-and-parliament-reach-provisional-deal-on-eu-emissions-trading-system-and-the-social-climate-fund/

6 German Environment Agency.（日付不明）. National emissions trading.
参照先: https://www.dehst.de/EN/national-emissions-trading/national-emissions-trading_node.html

7 European Securities and Markets Authority.（2022年3月28日）. ESMA publishes its Final Report on the EU Carbon Market
参照先:https://www.esma.europa.eu/press-news/esma-news/esma-publishes-its-final-report-eu-carbon-market

8 World Bank.（2022年4月1日）. Carbon Pricing Dashboard.
参照先: https://carbonpricingdashboard.worldbank.org/map_data

9　BCG.（2023年1月19日）. The voluntary Carbon market Is Thriving
参照先：https://www.bcg.com/publications/2023/why-the-voluntary-carbon-market-is-thriving

第7章

新技術を追え

温暖化ガスの排出を劇的に減らすには、すでに実用化された技術だけでは足りない。新しい技術を進展させ、商用ベースに乗せねばならない。その柱は水素だ。次世代の新エネルギーと期待されるこの水素に日米欧や中国、インドがこぞって技術開発やコスト削減にしのぎを削っている。各国の官民が力を入れるのは、排出を減らすためだけではない。2050年には数十兆円規模になるとされる水素ビジネスで優位な立場を築こうと考えているからだ。

他国・他企業に先んじるには何が必要なのか。政府は適切な規制を整える。そして補助金や規制緩和を通じて企業が取り組みやすい環境をつくる。官の後押しを得て企業は大規模な投資を決め、迅速に動く。官の重要な役割にルールづくりもある。水素の規格や取り扱いを規定するルールをいち早くまとめれば、それが世界基準になる可能性が高い。世界標準を握った国が圧倒的に有利になるのはこれまでに見てきた通りだ。

もちろん水素だけでなく、二酸化炭素（CO_2）を回収して地中に埋めるCCSや燃料電池も排出減に欠かせない重要技術だ。第7章では、地球環境を守り、巨大なビジネスを生み出す将来の技術を巡って、官民が実用化に向けて力を入れる姿を取り上げる。

1 世界を変える水素

排出ゼロの秘密兵器

「水素は今や欧州グリーンディールのトップアジェンダだ」。22年10月のスピーチで、欧州連合（EU）のティメルマンス上級副委員長（気候変動担当）は力を込めた。今世紀半ばまでに温暖化ガスの排出を減らすには、再生可能エネルギーや省エネなどの徹底的な拡大に加え、新しい技術が必要だ。その柱になるのが水素だ。EUだけでなく、日米や中国やインドなど世界各国が水素の技術開発や導入拡大に動いている。

水素がなぜ重視されるのか。元素記号「H」の水素は燃焼しても、CO_2が出ず、水しか出ない。そして電化が難しい部門の脱炭素を実現できる可能性がある。再生エネだけでは排出ゼロは達成できない。乗用車で電気自動車（EV）の導入が進む運輸部門だが、飛行機や船、トラックの電化は難しい。なぜなら電気では出しにくい強いエネルギーが必要だからだ。鉄鋼やセメント、化学などの産業も化石燃料を使う工程があり、電気での代替は難しい。EUの温暖化ガス排出に占める割合は運輸、産業ともそれぞれ22%と、水素を活用する余地は大きい。

機関によって差はあるが、ブルームバーグＮＥＦは50年時点で水素は世界のエネルギー需要の最大24％を満たし、排出を34％減らすとみる[1]。国際再生可能エネルギー機関（ＩＲＥＮＡ）はエネルギー需要の12％をまかない、排出を10％減らす可能性があると分析する[2]。必要な水素は50年には５億～６億トンになる予測が多い。現在の６～７倍だ。

図表7-1　水素の用途は幅広い

産業	・鉄鋼など
電力	・発電 ・大規模貯留
燃料	・アンモニア製造 ・合成燃料
熱利用	・産業用暖房 ・住宅・商業ビル用暖房
交通	・バス ・鉄道 ・航空 ・船舶

出所）IRENAの資料を基に作成

ＥＵは化石燃料から脱却し、水素を中心に据えたエネルギーシステムの改革に取り組む。20年に公表したエネルギーシステム統合戦略で「この５～10年間の対策が命運を左右する」と分析した[3]。エネルギーインフラの耐用年数は通常20～60年だ。排出の実質ゼロを実現するには、化石燃料依存のシステムを脱し、すぐさまインフラ整備などに着手し、水素社会実現に動かなくては手遅れになるというわけだ。

ＥＵは統合戦略と同時に水素戦略を公表したが、ロシアのウクライナ侵攻を受けて内容を一段と強化している[4]。30年までに年５６０万トンの水素を生産するとしていたのを、域内で１０００万トン製造し、同量を域外から輸入する目標に引き上げた[5]。製造や輸入、輸送のための水素インフラに280億～380億ユーロ、貯蔵インフラで60億～110億ユーロを官民で投じる構えだ。「環境先進国」として「世界でクリーン技術の主導権をとる」（ティメルマンス氏）姿勢だ。欧州委は23年3月、水素生産の拡大に向け、「欧州水素銀行」構想を発表した。

実際、水素で優位な技術を持てば、世界で大きな影響を持つのは間違いない。欧州委は50年の世界での水素販売は6300億ユーロ規模になるとみる。水素で優位に立とうとして日米や中印は開発にしのぎを削る。17年に世界に先駆けて水素戦略をまとめた日本は、30年の水素の導入量を300万トン、さらに40年には1200万トンにする方針だ。生産から流通までの拠点を整備したり、企業が開発を進めやすいよう規制緩和をしたりする。米国も州政府や民間企業中心に革新的な技術革新に取り組み、連邦政府がそれを支援する仕組みが整いつつある。60年にCO_2排出の実質ゼロをめざす中国でも、水素を使う燃料電池車の普及支援策などが拡充されている。インド政府も23年1月、30年までに主に再生エネからつくる水素を500万トンつくるため、約1000億ドルの投資計画を発表した。

種類とコスト

22年7月、スペインの風力発電大手、イベルドローラと英BPが協力して両国とポルトガルで最大年60万トンの「グリーン水素」生産能力を持つ拠点を共同で建設すると発表した[6]。イベルドローラのガラン会長は声明で「脱炭素化とエネルギーの自給自足に向けて前進し続けることになる」と協業の意義を説明した。

「グリーン水素」とは何か。実際の水素に色はついていないが、水素を分類する際は色を使う。よく使われるのは「グリーン」「ブルー」「グレー」だ。グリーンは主に再生可能エネルギーでつくった電力で水を分解して取り出した水素だ。CO_2をまったく排出しないため、グリーン水素が最も重視される。

ブルーとグレーは、石炭や天然ガスといった化石燃料をもとに水素を取り出す。ブルーは燃焼の際に出るCO_2を回収して貯留するため、大気への放出はない一方、グレーはCO_2がそのまま大気に放出される。

世界の足元の水素製造量はざっと9000万トンで、ほとんどがグレーに分類される。そのCO_2の排出は年間約8億3000万トンと、英国とインドネシアの排出量の合計に匹敵する[7]。

グリーン水素の利用を増やしていくことが、地球環境にとって最も理想的だが、コストという課題がある。国際エネルギー機関（IEA）によると、21年に天然ガスでつくる水素は、CO_2の回収・貯留なしで1キログラムあたり1～2.5ドル程度で競争力がある[8]。

太陽光や風力など再生エネ由来の水素はは4~9ドル程度とコストに大きな差がある。グリーン水素は主に水を電気分解してつくるが、大量の電気が必要だ。水素製造コストの差は、再生エネと化石燃料との発電コストの差が反映されている。

ブルー水素の利用は当面は残る見通しだが、将来はグリーン水素が主流になる。各国政府と企業はコストをいかに下げるかに腐心している。イベルドローラはスペインの肥料メーカーと1億5000万ユーロを投じ、産業用のグリーン水素プラントを建設する予定だ。グレー水素に対して「30年までに競争力を持つ価格に引き下げたい」という。ドイツのエネルギー大手エーオンは22年3月、オーストラリアの鉄鉱石大手、フォーテスキュー・メタルズ・グループから30年までに欧州にグリーン水素を年500万トン供給を受けることで合意した。同グループ傘下のフォーテスキュー・フューチャー・インダストリーズ(FFI)は30年までに豪州を中心に世界で1500万トンの水素を製造する計画だ。

各国政府と企業の熱心な姿勢は水素の製造コストを押し下げる方向に働く。英シンクタンク、リシンク・エナジーは現在の約3・7ドルから30年には1・5ドルになるとみる[9]。ウッド・マッケンジーは30年までに一部地域では1ドルでつくれると予測する[10]。IEAは、太陽光発電自体のコストが下がり、長時間の日照があるなど条件の良い地域で、30年には太陽光による水素製造コストは1・5ドル、50年には1ドルを下回る可能性があるとみる。

一方で、ロシアのウクライナ侵攻で目の当たりにしたように化石燃料を使う水素は、化石燃料自体の価格変動の影響を受ける。ガス価格が上昇した22年6月には、欧州での製造コストが4・8〜7・8ドルとなり、前年の3倍に上昇した。化石燃料に比べて、再生エネは価格変動が起きにくい利点はある。米エネルギー省は21年7月にグリーン水素の製造コストを8割下げて10年以内に1ドルにする目標を掲げた。

もちろん、コスト削減には官民の巨額投資が欠かせない。IRENAによると、産業革命前からの気温上昇を1・5度以内に抑えるパリ協定の目標を達成するならば、50年までに4兆ドル近い投資が必要で、政府が民間企業が投資しやすい環境とインセンティブをつくることが重要になる。

欠かせない官の支援

22年7月と9月、EUは加盟国と企業などと手を組み、水素の商用利用に向けた4兆円近い規模の計画を打ち出した[11]。7月の第1弾はEU27カ国のうち、フランスやドイツ、イタリア、オランダなど15カ国が参加し、総額54億ユーロの公的資金を拠出する。これを呼び水に88億ユーロの民間投資を呼び込む狙いだ。9月の第2弾は13カ国が52億ユーロを拠出し、70億ユーロの民間投資を見込む。

発展途上の技術である水素は、一国や一企業だけではリスクが高く、EU全体として水素計画を後押しする考えだ。「EUにとって、ゲームチェンジャーになりうる」。フォンデアライエン欧州委員長は水素に大きな期待を込める。だがハードルが1つあった。

実はEUでは加盟国による民間への政府支援は原則として禁止されている。EUは27カ国で単一市場を形成し、ある加盟国が自国の企業を支援するとEU域内の公平性が損なわれるためで、EUが成り立つための重要な基本原則といえる。とはいえ、育ち始めた新技術が独り立ちするようになるには、官が支える必要がある。ましてや日米や中国など主要国は技術革新やコスト低減にしのぎを削る。温暖化対策というEUが最も重視する政策で他国に後れを取るわけにはいかない。

「水素はエネルギー源の多様化とグリーン移行に不可欠な要素だ」。欧州委のベステアー上級副委員長はこう説明し、例外規定の活用に踏み切った。経済成長や雇用創出、産業の競争力強化につながる事業では、「欧州共通利益に適合する重要プロジェクト(IPCEI)」に認定することで、公的支援が可能になる。

EUの計画は、水素の製造から燃料電池の開発、水素の貯留・輸送・流通などと幅広いが、60弱の企業が80弱の個別の事業に取り組む。具体的には独ダイムラー・トラックは液体水素を使うトラックの開発をめざすほか、フランスのアルケマは水素タンクをつくるための材料の製造を進める。オランダの中小企業は船舶用の燃料電池を開発するという。

仏トタルエナジーズと仏エンジーは太陽光と風力からできた電力を使う巨大な水素製造装置を建設させるほか、スウェーデンのハイブリットは鉄鋼生産に使う石炭とコークスを水素で完全な代替をめざす。このほか、仏アルストムやデンマークのオルステッド、独ボッシュ、イタリアのエネルなども名を連ねる。

50年に域内の温暖化ガスの排出を実質ゼロにする目標を掲げるEUは「水素覇権」で主導権を握りたい考えだ。足元ではロシアのウクライナ侵攻を機にエネルギー供給に不安も出ており、水素の製造が自前でできればロシア依存の低減につながる。

もちろん水素に力を入れているのはEUだけではない。22年夏にインフレ抑制法が成立した米国は3690億ドルをエネルギーや気候変動分野に投じる構えだ。水素も対象になっており、製造や供給施設への大規模な税控除が導入・拡大された。日本も今後10年で官民による150兆円規模の投資を見込むGX（グリーントランスフォーメーション）に関する基本方針で、水素・アンモニアの導入促進を明記した。中国も、圧倒的シェアを握った太陽光パネルのように水素での競争力強化に動いている。

2 水素覇権でしのぎ

アフリカのポテンシャル

22年11月にエジプトのシャルムエルシェイクで開かれた第27回国連気候変動枠組み条約締約国会議（COP27）の期間中、EUのフォンデアライエン欧州委員長がアフリカ南部ナミビアのガインゴブ大統領とともに覚書に署名した。内容は希少金属（レアメタル）とグリーン水素などの開発支援だ。COP27の別の日には、ベルギーのデクロー首相が議長国エジプトのシシ大統領ともにグリーン水素を推進するフォーラムを立ち上げた。水素の分野でEUは中東・アフリカとの距離を縮めようとしている。

EUはロシア産化石燃料から脱却する計画「リパワーEU」で、水素を30年までの域内で1000万トン生産し、同量を輸入する方針を打ち出した。従来は生産を560万トンとしていただけで、輸入の1000万トンは純増となる。目をつけたのが、欧州から近い距離にある中東・アフリカだ。

同地域は砂漠などの無人地帯が多い上、豊富な太陽光が降り注ぎ、再生エネの拡大余地が大きい。太陽光や風力発電を爆発的に普及させれば、余った電力から水素をつくる余地が増える。これを輸入して、自地域で利用しようとするのがＥＵの狙いだ。アフリカにとっても欧州側からの投資が見込め、産業発展につながる話で「ウィンウィンの計画だ」とＥＵ高官は胸を張る。

国際再生可能エネルギー機関（ＩＲＥＮＡ）は22年1月、中東・アフリカが米国やオセアニアとともに、低コストでグリーン水素をつくれる可能性がある地域だと分析した。ＩＥＡは太陽光と陸上風力発電を使ったグリーン水素の製造コストが将来、アフリカの北部と南部、中東や中国の一部で1キログラムあたり2ドル以下に低下すると予測する。

モロッコはいち早く動き出した国の1つだ。21年にはグリーン水素とアンモニアを製造する総投資額75億ディルハム（約950億円）の事業計画を明らかにした。フランスやオランダ、アイルランド企業などがかかわった事業が動き出している。モロッコは省庁横断の「水素委員会」を19年に立ち上げ、ドイツやポルトガルの協力を得ている。そのドイツは南アフリカ共和国やチュニジアと、イタリアはアルジェリアなどともグリーン水素の開発・生産を推進する。

ＥＵはインフラ支援計画「グローバル・ゲートウェー」で、アジアとともにアフリカを重視する姿勢を鮮明にしている。官民で3000億ユーロのうち、その半分をアフリカに投じる構えだ[12]。中国主導の広域経済圏構想「一帯一路」に対抗する狙いで、環境配慮や透明性の確保を前面に出す。エネルギー分野では、30年までに再生エネの容量を新たに300ギガワット分設置し、少なくとも40ギガワットの水素製造装置を設ける。

ＥＵの政策金融機関、欧州投資銀行（ＥＩＢ）とアフリカ連合（ＡＵ）などは22年12月の報告書で、大胆な投資や適切な規制緩和などがあれば35年までにアフリカが年５０００万トンの水素を生産できる可能性があると分析した[13]。報告書は「アフリカはグリーン水素の輸出を通じて、グローバルなエネルギープレーヤーになることができる」と指摘した。

もちろん、どう輸送するのかといった課題はある。地中海を通るパイプラインや液化水素の運搬船の確保が課題になるが、コスト面との兼ね合いもある。ただ、アフリカに近いＥＵは日米などよりも優位な位置にあるのは間違いない。

拠点・規格づくりでも火花

欧州最大のロッテルダム港。運営当局が世界各国や企業と相次ぎ協力体制を築き始めている。なかでも目をひいたのが、22年４月の英チャリオットとの提携だ。同社はアフリカに強みを持つエネルギー企業で、モーリタニアでつくるグリーン水素をロッテルダム港経由で欧州に届ける青写真を描く。

水素ハブへの開発が急ピッチで進む（ロッテルダム港）

ロッテルダム港がめざすのは「水素ハブ」だ。22年11月には水素をつくる大型の電解装置の建設計画を発表し、輸入基地になるとともに、生産拠点になろうともくろむ。30年には生産と輸入を合わせて欧州に年４６０万トンの水素を供給する計画だ。すでにチリやブラジル、カナダ、オーストラリアと覚書を結び、将来の水素の輸入についての検討を始めた。

英シェルやスペインのイベルドローラも加わってロッテルダムの水素の貯蔵といったインフラ整備も進む。日本の三菱商事や千代田化工建設も協力している。水素を欧州に運ぶためのパイプラインなど輸送網の整備も進めている。

水素をつくるのは重要だが、その後にどう消費地まで届けるかも重要だ。ハブは安定供給に欠かせない役割を果たすほか、ハブになれば大きな経済的恩恵を期待できる。ロッテルダムに加え、エジプトやオマーン、オーストラリアや米カリフォルニア州なども地域のハブをめざしている。水素は巨大なビジネスになる。自らが物流の一大拠点になり、利益を呼び込もうとするのは自然な競争だ。

米欧は世界での競争を優位に進めようと、水素の規格づくりにも踏み込んだ。どんな水素がクリーンかを定めたのだ。化石燃料由来の水素にはブルーとグレーがあると紹介したが、米欧が標的にしたのはCO_2を回収・貯留するブルーだ。EUはブルー水素がクリーンと認められるには化石燃料の採掘から製造までに出るCO_2を約7割減らす必要があると決めた。米国では企業への政府助成の基準として製造時の排出を8割以上減らすことを挙げた。

米欧ではグリーン水素が重視され、ブルー水素は移行期の手段としてみられる傾向がある。しかし、再生エネの導入が遅れる日本では、当面の水素製造はブルー水素が中心になる見通しだ。日本の政策もブルー水素を中心に立案されている。だが日本にはブルー水素の明確な基準はなく、従来の一般的な6割減の基準を念頭に置く企業が多いという。

米欧が掲げる規格が世界基準になれば、日本企業は対応に追われ、競争に不利な立場に追い込まれる可能性が高まる。だが日本にはブルー水素の基準を打ち出したり、世界的な水素ハブをつくろうとしたりする動きは米欧に比べると活発ではない。

22年12月、EUのシムソン欧州委員（エネルギー担当）の姿が、東京・霞が関の経済産業省にあった。会議室で向かい合ったのは西村康稔経産相だ。両閣僚はこの場で覚書を交わし、水素での協力を深めることで合意した。シムソン委員は「共通の価値観と関心に基づくE

Uと日本の協力の重要なマイルストーンになる」と称賛した。

ＥＵ関係者は「水素に関する日本の技術力には目を見張るものがある」と口をそろえる。日本の協力を得て、水素技術が抱えるボトルネックを克服するのがＥＵの狙いだ。自動車や鉄鋼など日本の民間には多くのノウハウが蓄積する。求められるのは日本が主体的に動き、水素の大競争に打ち勝つ意志を内外に示すことだ。そうでなければ、米欧や中国の後じんを拝すシナリオが現実味を増す。

原子力から水素へ

原子力ルネッサンスが再び起きつつある欧州だが、外国に依存する化石燃料の輸入を減らして電力の安定供給につなげたり、電力の脱炭素を進めたりすることだけが狙いではない。原子力でつくった電力で水素を生産することも視野に入れているのだ。

「30年までにグリーン水素のリーダーになる」。21年10月、フランスのマクロン大統領は高らかに宣言した。「欧州ではグリーン水素をつくるのに十分な再生エネを確保できない」とも語り、原子力の活用が欠かせないと力説した。

グリーン水素とは、一般的に再生エネからつくる水素を指す。「グレー」と呼ばれる化石燃料からつくる水素と違って、水素の製造過程でもCO_2の排出がない。原子力を再生エネと区別して「ピンク」「パープル」に分類することもあるが、排出がないのはグリーンと同じだ。

21年3月の総選挙後、約9カ月の交渉を経て、連立政権の樹立にこぎ着けたオランダのルッテ内閣は同年12月、連立合意の文書に2基の原発の新設を検討すると明記した。原子力は太陽光や風力を補完するとともに「水素の生産にも使える」と盛り込んだ。

同年8月に水素戦略を公表した英国では、30年に300万世帯のガス消費量に相当する5ギガワット規模の水素生産能力を整備する計画だ。50年時点での水素が最終エネルギー消費に占める割合は20~35%になるとみる。南東部で計画中の原発で「いくつかの方法で水素を製造する方法を検討中」(建設にかかわるフランス電力)だ。

水素を自国で生産するのは、他国へのエネルギー依存度を下げる狙いもある。ロシアのウクライナ侵攻に端を発するエネルギー価格の高騰で、欧州各国は輸入の多くを頼るロシアに揺さぶられた。再生エネと水素を自前で準備できれば、エネルギーの自立を高めつつ、排出ゼロの実現に近づく。

天気任せの風力や太陽光と違い、24時間発電し続けられる原子力の活用で、コストを引き下げられるとの期待がある。

原子力で水素をつくる方法はいくつか考えられるが、再生エネ同様に海水を電気分解して水素を生み出すのが主流だ。先進各国が開発を進める次世代原子炉である小型高温ガス炉では、高温の熱を活用して水素をつくる方法も想定される。

マクロン氏は22年2月には50年までに原子炉6基を新設すると表明し、さらに別に8基の建設を検討する意向を示した。足元では56基あり、新型の原発をつくることで水素の生産にも活用したい考えだ。

エネルギー大手、仏トタルエナジーズのプヤンネ最高経営責任者（CEO）は同年11月の仏国民議会（下院）で「6基ではなく、15基や20基の原子炉が必要だ」とぶち上げた。化石燃料中心の事業構造からの転換を進め、水素のメジャープレーヤーになろうともくろむ同社にとってフランスの発電能力の拡大は重要な課題だ。フランスが水素の輸出大国になりたいのならば「50年までに発電能力を5割増やす必要がある」と訴えた。

米国やロシア、中国も原子力による水素生産計画に着手するなか、EUは再生エネと原発をフル活用して水素関連の国際ルールづくりを主導する狙いだ。持続可能な経済活動を定めるEUタクソノミーでは、原子力を持続可能と位置づけ、各国政府や企業を援護射撃する。早期量産にメドをつければ競争で優位に立つのは間違いない。

3　CO_2を封じ込める

実質ゼロに不可欠

水素と並んで、温暖化ガスの排出を実質ゼロにするのに欠かせない技術がＣＣＳだ。Carbon Dioxide Capture and Storage の略で、火力発電所や工場などから出るCO_2を分離・回収して、地中に長期にわたって埋めることを指す。ＣＣＳを使えばCO_2が大気に放出されないため、石炭や天然ガスでの発電も排出をゼロにできる。環境省によると、約27万世帯分の電力を供給できる80万キロワット規模の石炭火力発電所にＣＣＳを導入すれば、年間約３４０万トンのCO_2の放出を防ぐことができる[14]。

ＣＣＳが必要なのは、50年時点で完全に化石燃料から脱却するのは難しいからだ。航空機や船舶のほか、鉄鋼や肥料などの産業分野では一定程度の化石燃料の利用が残るとみられている。ＩＥＡは50年に地球の排出が実質ゼロになるシナリオで、CO_2の回収・貯留が21年の４０００万トンから30年には12億トン、50年には62億トンになると描く[15]。世界のCO_2の排出は足元で３６６億トンで、ざっと6分の１が50年時点でも残っていることになる。経済産業省によると、日本は50年時点で年約1億2000万〜2億4000万トンのCCSが必要という。

排出される混合ガスからCO_2を取り出すには、CO_2だけを通す「膜」を使ったり、特別な液体などにCO_2を溶かし込んだりする方法などがあるが、技術的には確立しつつある。国際組織グローバルCCSインスティテュートによると、22年9月時点で欧米を中心に196の事業があり、うち30はすでに稼働している[16]。海底下にCO_2を貯留する計画が多いが、CO_2が漏れ出して海洋の生態系に影響を与えるのを避けるため、長年にわたって監視することが求められる。

CCSにはUtilizationの「U」を入れて、CCUSと表記する場合もある。回収したCO_2を単に地中に埋めるだけではなく、有効活用する考え方だ。実際、米国などでは石油増進回収法（EOR）と呼ばれ、古い油田にCO_2を圧入して奥に残っていた石油を取り出す事業が商用化されている。だがCCSは温暖化対策で、EORは石油の増産が目的なのを考えれば、世界規模に拡大することは考えにくい。

ほかにも、溶接やドライアイスに使ったり、カーボンリサイクルとして化学品や液体燃料の生産に活用したりするアイデアもある。

脱炭素に向けた有効な手法として米国や欧州、オーストラリアを中心に取り組みは加速しているが、CCSの普及にはCO_2を大気に放出せずに地中に埋めると、企業が得になるような制度整備が欠かせない。多くの国では、わざわざCO_2を回収して地下深くに貯留するメリットはないからだ。そこでカーボンプライシングの導入が必要になる。政府が炭素税や排出量取引の制度内容を調整して、CO_2を排出すると企業にとって大きなコストになるようにし、CCSの開発や利用に前向きな姿勢になるよう後押しすることが重要だ。欧米の一部では高い炭素価格などを背景に、企業を巻き込みながら、大規模な事業に乗り出す事例が出てきた。

投資主体はオイルメジャー

「23年、炭素回収は最もホットな投資トレンドの1つになるだろう」。金融情報を提供する米モトリーフールは同年早々、こんな見通しを示した[17]。その言葉の通り、企業はこのところ相次ぎ巨額投資を決めている。投資主体はオイルメジャーなどの化石燃料を扱う事業者だ。CO_2排出の多い石炭はともかく、石油や天然ガスというエネルギーを延命させるには、CCSは欠かせない技術だからだ。

22年10月、ノルウェーのストーレ首相は同国第2の都市ベルゲンに近いオイガーデンにいた。欧州最大規模のCCS事業の拠点となる施設の開会セレモニーに出席し、「この事

ノーザンライツと川崎汽船はCCS事業で協力する（ノルウェー・スタバンゲル）

業は欧州の重工業の脱炭素化にとって、画期的なものだ」と訴えた。

「ノーザンライツ」と呼ばれるＣＣＳ事業は、ノルウェーの石油大手エクイノールやフランスのトタルエナジーズ、英シェルが参加している。ノルウェー政府が事業費の７割に当たるざっと２０００億円強を投じる肝煎りの事業だ。北海油田を擁するノルウェーは西欧最大の産油国だ。化石燃料のクリーン化を進めるためにＣＣＳに力を入れてきた。ロシアとの関係が悪化したいま、ＥＵにとって米国と並ぶエネルギーの供給大国になっていることもある。

具体的な計画はこうだ。オスロを中心としたノルウェーでのセメントや廃棄物発電所から出るCO_2を回収して液化した上でオイガーデンの中間貯蔵拠点に船舶で輸送する。そこからパイプラインで海岸から海に１００キロ離れた地点の地下２６００メートルに運び、半永久的に封入する。船舶での輸送には、日本の川崎汽船が輸送船２隻を運航する。

事業の第１段階は24年までに完了し、年間最大１５０万トンのCO_2を貯蔵する計画だ。

需要を見極めた上で、500万トンへの拡大を視野に入れる。注目されるのは、ノーザンライツが他の欧州の分を受け入れる用意があると表明していることだ。ヤコブセン社長は「すでに複数の企業と議論している」と明かす。ここに新たなビジネス機会が生まれ、ノルウェーのしたたかさが垣間見える。

米エクソンモービルもヒューストンで大規模なCCS事業を進める。メキシコ湾海底に「CCSハブ」を建設し、世界の発電所や工場から出たCO_2をまとめて貯留する計画だ。米シェブロンやフランスのエア・リキード、独BASFなどと協力して30年に年5000万トン、40年に1億トンの回収・貯留をめざす。エクソンはCCSの市場規模が50年までに4兆ドル規模になるとみて先手を打った格好だ。

米欧だけでなく、日本企業もCCSに積極的だ。ENEOSホールディングス傘下の石油開発企業、JX石油開発やINPEXがアジアやオセアニアを中心に事業を拡大する構えだ。石油資源開発は電力やエネルギー企業とともに、16〜19年に約30万トンのCO_2を北海道苫小牧市沖の海底下に貯留する実証実験にも加わった。

グローバルCCSインスティテュートは地球の気温上昇が産業革命から2度未満になるシナリオで、年間70〜100のCCS事業が始まらなければならないとして、50年までに総額で6550億ドル〜1兆2800億ドルの投資が必要と試算する。官が呼び水としての資金支援をするのに加え、民間企業が投資しやすい環境をつくることは不可欠だ。それには政府系金融機関や市場から資金を調達しやすい条件を整え、CO_2の適切な価格付けを主導する必要がある。

DACCSとBECCS

CCSは主に火力発電所などから排出されるCO_2を回収して、排出を差し引きゼロにするのが主目的だが、排出減という観点で一歩進んだ技術がある。それがDACCSとBECCSだ。いずれも差し引きゼロではなく、排出をマイナスにするネガティブエミッション技術だ。複数の機関・団体の試算では、地球が実質排出ゼロになるためには、同技術が30年時点で10億～16億トン、50年で50億～70億トンの削減に貢献するとみる。削減全体のざっと10%に相当するという[18]。

空気の8割弱は窒素で約2割が酸素だ。0・04%程度に過ぎないCO_2を大気中から回収して、地中に貯留するのがDACCSで、Direct Air Carbon Capture and Storageの頭文字をとった略語だ。空気からCO_2を特殊な液体に吸収させて分離したり、膜を使って分離したりする方法がある。

21年9月、アイスランドの首都レイキャビク近郊に当時としては最大規模の直接空気回

図表 7-2　CO_2の除去・回収は排出ゼロで大きな役割を担う

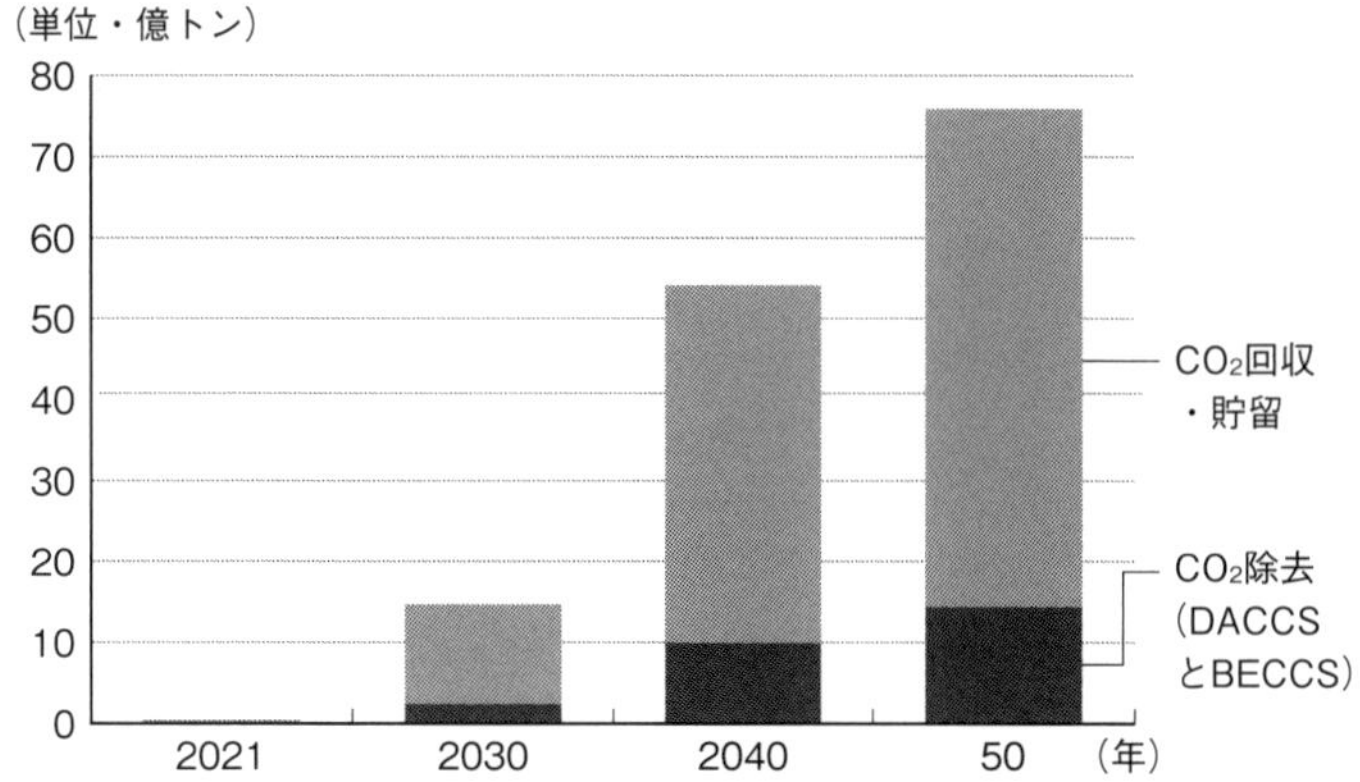

出所）IEA、世界が50年に排出実質ゼロになるシナリオ

収施設が稼働した。施設の名前は「Ｏｒｃａ」。スイスのスタートアップ、クライムワークスが手掛け、年４０００トンのＣＯ２を回収する。回収や貯蔵に使うエネルギーは、近くの地熱発電所の電力を使う。溶液で集めたＣＯ２は水と混ぜて地下で岩石と一体化させ、アイスランド企業と協力して数千年にわたって閉じ込める。同社は22年6月には３万６０００トン規模の新たな施設「マンモス」の建設計画を発表した。

米石油・ガス大手オキシデンタル・ペトロリアムなどは22年3月、年間最大１００万トンを回収するプラントを、35年までに70基つくるなど計画を明らかにした。24年にも初号機が完成する予定だ。需要があれば、１３５基に拡大する方針だ。

日本勢も三菱重工業やＩＨＩ、川崎重工業が開発を進めているが、課題はコストだ。クライムワークスによると、30年に数百万トン規模を実現できれば、1トンあたり250〜350ドルで回収できるというが、IEAなどが想定する炭素価格よりも高い。この水準では、爆発的な普及は難しく、政府による息の長い支援が欠かせない。同社は長期的には100〜200ドルに価格を引き下げ、50年に10億トンの回収をめざしている。

だが需要は確実にある。オキシデンタルは22年7月、航空機製造大手エアバスや航空大手のエアカナダやエールフランスKLMなどと協力する文書に署名した。航空機は燃料消費で大気中にCO_2を排出していることから、DACCSがエアバスなどの関心を引いた格好だ。25〜28年にかけて排出枠を購入する交渉に入った。エアバスは「エアバスの脱炭素計画と、50年の排出実質ゼロをめざす航空業界の野望の2つの点で具体的な前進を示すものだ」と称賛した。

米オンライン決済大手ストライプや米グーグルの親会社アルファベット、メタ（旧フェイスブック）などは22年4月、DACCS関連企業などからCO_2の排出枠を購入することで技術開発を支援すると発表した。共同で創設した基金から30年までに9億2500万ドルを投じる。

BECCSも排出をマイナスにする点ではDACCSと同じだ。BioEnergy with Carbon Capture and Storageの略で、木材などのバイオ燃料を燃やした際に出るCO_2を回収・貯留する。バイオ燃料は成長過程でCO_2を吸収していると考えられることから、CO_2を回収せずに燃やしても排出は実質ゼロと見なされる。このためCO_2を回収すれば、マイナスと算定されるというわけだ。

すでに米国のイリノイ州ではトウモロコシからつくるエタノールの製造拠点で100万トン規模のCO_2を分離・回収し、パイプラインで運んで地下に封入する事業が実施されている。ほかにも、数十万トン規模の複数の事業が米国を中心にある。技術的にはDACCSよりも進んでいるが、大規模普及には大量のバイオ燃料を確保しなければならないなどの課題がある。バイオ燃料の行き過ぎた調達は、食料生産と競合するリスクがある。

COLUMN

EUが推し進める官民連合

ＥＵは先進的な産業の育成を狙った官民連合を相次ぎ立ち上げている。電池や水素などの環境関連やデジタル分野の技術開発をめぐり、大国・地域間の覇権争いが激しくなっているためだ。ＥＵ企業の成長にも欠かせない分野で、官民の総力を挙げて競争力を高める狙いがある。

22年12月、ＥＵが主導する官民連合が発足した。その名は「欧州太陽光発電産業連合」だ。太陽光発電はＥＵの温暖化ガス排出削減目標には重要な役割を果たす。ＥＵはロシアのエネルギー依存解消をめざす戦略「リパワーＥＵ」で、25年までに足元の2倍以上となる３２０ギガワットの太陽光発電を設置し、30年には６００ギガワット分をめざす目標を掲げた。製造能力も25年に30ギガワットに引き上げる。

この目標の達成に向け、域内での製造を拡大するために、材料が確実に調達できるよう官民で体制をつくり、民間企業が資金調達しやすい環境を整えるほか、太陽光パ

図表7-3　EUは多くの官民連合を立ち上げている

分野	立ち上げ時期
バッテリー	17年
循環プラスチック	19年
クリーン水素	20年
原材料	20年
プロセッサ・半導体技術	21年
産業データ・エッジ・クラウド	21年
ゼロエミッション航空	22年
再生可能・低炭素燃料のバリューチェーン	22年
太陽光産業	22年

ネルの廃棄物をどう処理するのかの解決策を探る。ＥＵや関連機関、企業や投資家、研究機関、市民団体が参加する。シムソン欧州委員は「この連合は欧州の競争力を維持するために重要な役割を果たす」と意義を強調した。

ＥＵはこの官民連合の形態を多用している。ＥＵの執行機関、欧州委員会によると、これまでに9つの連合が創設された。欧州の官民の力を結集し、戦略的に重要な分野で厳しい競争を勝ち抜く思惑がある。

最も古いのが17年に始まった「バッテリー連合」だ。蓄電池はＥＶや再生可能エネルギーの普及に欠かせない基幹技術だ。今では独ダイムラーや伊エネルなど８００を超える企業・団体が参加し、ＥＵ内に拠点を持つ日米などの企業も加わっている。

22年3月、スウェーデンの電池スタートアップ、ノースボルトは同社の3番目の電池工場をドイツ北部に建設すると発表した。同社はバッテリー連合の成功事例のひとつだ。EUの政策金融機関、欧州投資銀行（EIB）が2回にわたって計約4億ユーロを融資し、独フォルクスワーゲンやBMWから受注している。

EUはほかにも、クリーン水素やレアメタル（希少金属）などの原材料など、戦略的に重要な分野を定めて連合を立ち上げてきた。背景として官主導による官民連合には、エアバスの成功体験がある。域内各国企業が統合してできた航空機大手のエアバスは、米ボーイングと並ぶ世界の2強になっている。

官民連合は企業の統合を促すわけではないが、欧州として重要分野で世界と戦える体制を整えることをめざす。デジタル分野では米国の巨大IT企業「GAFA」に欧州市場を席巻され、価値の高い膨大なデータを活用されている状況だ。これを歯がゆく思っているEUは、欧州一丸となって、米中と渡り合える産業育成を狙う。単独では大規模な事業への関与が難しい中小企業支援の意味合いもある。

もう1つはEUの「戦略的自立」につながる経済安全保障の観点だ。重要な製品や部品を他国に過度に依存すると、供給が途切れたときにEU経済に大きな影響を与えかねない。

官民連合が注力する分野は米国や中国だけではなく、世界各国が力を入れており競争は激しさを増している。とりわけ米国では民主導の事業が相次ぎ立ち上がっている。ＥＵの官主導がすべての分野で成果を出せるかは未知数な部分がある。

参照文献

1 Bloomberg NEF.（2020年3月30日）. Hydrogen Economy Outlook.
参照先: https://data.bloomberglp.com/professional/sites/24/BNEF-Hydrogen-Economy-Outlook-Key-Messages-30-Mar-2020.pdf

2 International Renewable Energy Agency.（日付不明）. Hydrogen.
参照先: https://www.irena.org/Energy-Transition/Technology/Hydrogen

3 European Commission.（2020年7月8日）. Powering a climate-neutral economy: An EU Strategy for Energy System Integration.
参照先: https://eur-lex.europa.eu/legal-content/EN/ALL/?uri=COM:2020:299:FIN

4 European Commission.（2020年7月8日）. A hydrogen strategy for a climate-neutral Europe.
参照先: https://eur-lex.europa.eu/legal-content/EN/TXT/?uri=CELEX:52020DC0301

5 European Commission.（2022年5月18日）. REPowerEU Plan.
参照先: https://eur-lex.europa.eu/legal-content/EN/TXT/?uri=COM%3A2022%3A230%3AFIN&qid=1653033742483

6 Iberdrola.（2022年7月28日）. Iberdrola and BP to collaborate to accelerate EV charging infrastructure and green hydrogen production.
参照先: https://www.iberdrola.com/press-room/news/detail/iberdrola-and-bp-to-collaborate-to-accelerate-ev-charging-infrastructure-and-green-hydrogen-production

7 Iberdrola.（日付不明）. Laying the Foundations for Green Hydrogen.
参照先: https://www.iberdrola.com/sustainability/laying-foundations-green-hydrogen

8 International Energy Agency.（2022年9月）. Global Hydrogen Review 2022.

参照先: https://iea.blob.core.windows.net/assets/c5bc75b1-9e4d-460d-9056-6e8e626a11c4/GlobalHydrogenReview2022.pdf
9 Harry Morgan.（2022年9月7日）. Market dynamics to drag green hydrogen to $1.50/kg by 2030.
参照先: https://rethinkresearch.biz/articles/market-dynamics-to-drag-green-hydrogen-to-1-50-kg-by-2030/
10 Bridget van Dorsten.（2021年12月7日）. Can green hydrogen compete on cost?
参照先: https://www.woodmac.com/news/opinion/can-green-hydrogen-compete-on-cost/
11 European Commission.（2022年9月21日）. State Aid: Commission approves up to €5.2 billion of public support by thirteen Member States for the second Important Project of Common European Interest in the hydrogen value chain.
参照先: https://ec.europa.eu/commission/presscorner/detail/en/ip_22_5676
12 European Commission.（日付不明）. EU-Africa: Global Gateway Investment Package.
参照先: https://commission.europa.eu/strategy-and-policy/priorities-2019-2024/stronger-europe-world/global-gateway/eu-africa-global-gateway-investment-package_en
13 European Investment Bank.（2022年12月21日）. New study confirms €1 trillion Africa's extraordinary green hydrogen potential.
参照先: https://www.eib.org/en/press/all/2022-574-new-study-confirms-eur-1-trillion-africa-s-extraordinary-green-hydrogen-potential
14 環境省（２０２０年２月）ＣＣＵＳを活用したカーボンニュートラル社会の実現に向けた取り組み
参照先: https://www.env.go.jp/earth/brochureJ/ccus_brochure_0212_1_J.pdf
15 International Energy Agency.（2022）. World Energy Outlook 2022.
16 Global CCS Institute.（2022年10月17日）. Carbon Capture and Storage Experiencing Record Growth as Countries Strive to Meet Global Climate Goals.
参照先: https://www.globalccsinstitute.com/news-media/press-room/media-releases/carbon-capture-and-storage-experiencing-record-growth-as-countries-strive-to-meet-global-climate-goals/

17 The Motley Fool.（2023年1月2日）. 3 Bold Oil Market Predictions for 2023.
参照先：https://www.fool.com/investing/2023/01/02/3-bold-oil-market-predictions-for-2023/

18 経済産業省（2022年2月）ネガティブエミッション技術について
参照先：https://www.meti.go.jp/shingikai/energy_environment/green_innovation/pdf/007_03_02.pdf

第8章

マネーの流れを変える
100兆ドル争奪戦

環境覇権

欧州発、激化するパワーゲーム

Eco-hegemony

脱炭素を大胆に実現するには巨額の資金が必要だ。公的資金ではまかないきれないため、カギになるのは、民間マネーをいかに再生可能エネルギーなどのグリーン移行に誘導するかだ。２０５０年に地球の温暖化ガスの排出を実質ゼロにするには、１京円を超える資金が必要とされる。多くのマネーを自地域に呼び込もうとする争奪戦は始まっている。

欧州連合（ＥＵ）のタクソノミーはその工夫の１つで、ほぼすべての経済活動や事業が「持続可能（サステナブル）」かどうかの基準を決め、民間に目安として使ってもらう知恵だ。域内での厳しい調整を経て、22年以降、適用が始まっている。金融機関の責任も大きい。投融資を通じて、企業に脱炭素の取り組みを強化する役割が期待されているからだ。化石燃料から、クリーンエネルギーへ。民間金融機関を中心に、排出ゼロに向けた資金需要を満たすべく、巨大連合をつくった。

第８章は温暖化対策に欠かせない巨額の資金の調達に向けて、ルールづくりに知恵をこらすＥＵの取り組みを中心に追った。

1　何が持続可能か　ＥＵ、基準づくりにまい進

排出ゼロ、達成に巨額の資金需要

「金融分野でのゲームチェンジャーになる」。２０２１年４月、ＥＵのマクギネス欧州委員（金融サービス担当）は力を込めた。この記者会見で発表したのは「タクソノミー」（taxonomy）と呼ばれる制度だ。英語で「分類法」「分類システム」といった意味がある。

「持続可能」という言葉に反対する人は多くはないだろうが、では何が持続可能かと問われると答えに窮するかもしれない。あいまいな部分が多く、具体性を欠く。たとえ、ある企業が独自の基準で「持続可能」とうたっても、消費者など第三者には企業の発信が本当なのかどうか確認する手段は乏しい。ＥＵタクソノミーは、何が持続可能な事業や製品なのか、ＥＵが事細かに記した持続可能な経済活動のリストだ[1]。ＥＵがどんな事業や商品が「グリーン」あるいは「持続可能」かの客観的な基準をつくり、企業に目安を示す。この基準に沿っていれば、企業の事業や商品は環境に配慮していると見なされる。ＥＵの判断基準そのものに疑問がある可能性はあるにせよ、第三者も一応は客観的な基準に沿っている

と確認できる。

気候変動の目標を達成するには巨額の資金が必要だ。太陽光パネルを設置するのも、原子力発電所をつくるのも、電気自動車（ＥＶ）の急速充電所を普及させるのも、何をするにもお金がかかる。一体いくらかかるのだろうか。様々な試算があるが、例えば国連気候変動枠組み条約事務局の委託調査では50年までに地球の温暖化ガス排出を実質ゼロにするためには、ざっと１２５兆ドル[2]。国際再生可能エネルギー機関（ＩＲＥＮＡ）は１３１兆ドルとはじく[3]。国際エネルギー機関（ＩＥＡ）は30年までは年５兆ドル、その後の10年間は年４・８兆ドル、さらにその後の10年間は年４・５兆ドルと算出する。単純計算すると１４０兆ドルとなる[4]。

ＥＳＧ（環境・社会・企業統治）への世界的な意識の高まりに伴い、先進国を中心に世界はサステナブル・ファイナンス（持続可能な金融）への取り組みを強化してきた。環境や社会、ガバナンス（統治）に配慮した投資判断をして、持続可能な事業に長期的に投資することを指す。地球環境の悪化に歯止めをかけ、社会とガバナンスに配慮しながら、経済成長を後押しする狙いだ。

もちろん、世界で動くお金には限りがある。そのお金は持続可能性とは関係のないところ、例えば化石燃料や児童・強制労働などに向かうこともある。このお金の流れを持続可能な事業に向かわせようというのが持続可能な金融の目的だ。最近になって大きく動き出したきっかけは15年に国連の持続可能な開発目標（ＳＤＧｓ）と地球温暖化防止の国際枠組み「パリ協定」が採択されたことだ。パリ協定には資金を温暖化ガスの排出が少ない方向に流れさせることが明記されている。ＥＵはタクソノミーをはじめとする持続可能な金融のルール整備を通じて、マネーを呼び込もうともくろむ。

欧州委は50年の実質ゼロへの中継点となる30年時点で90年比55％減らす目標を達成するために、年２６００億ユーロの追加投資が必要になるとはじいた。従来の投資額と合わせると、年１兆ユーロだ[5]。ＥＵや加盟国の官だけでまかなえる額ではなく、民間マネーをいかに呼び込むかが目標達成のカギを握る。もちろんそれはＥＵの外の日米などの先進国、新興・途上国も同じだ。マネー争奪戦の幕が切って落とされた。

グリーンウオッシュ

22年5月末、ドイツの検察当局がドイツ銀行とグループの資産運用大手ＤＷＳの家宅捜索に入った。疑惑は「グリーンウオッシュ」だ。持続可能としていた金融商品が、現実よりも誇張されて宣伝され、消費者を欺いた疑いがあるという。ドイツメディアの報道によると、検察当局はすでにＥＳＧといった基準を満たしているのが一部の投資商品にとどまる証拠を得たとしている。DWSのトップは責任をとって辞任した。

「エコフレンドリー」や「ESG対応」といった言葉は聞き心地がよく、消費者に受け入れられやすい。金融機関を含む企業は売り上げを伸ばすため、持続可能な製品を多く売り出すが、なかには環境や社会にそれほど配慮していない商品も、見せかけだけの環境配慮をうたって販売されている。これがGreenとWhitewashを掛け合わせた「グリーンウオッシュ」だ。企業が意図的に誇張する場合も、意図せずに結果的に持続可能でないと判明する場合もある。例えば、企業ができないと分かっていながら50年にカーボン・ニュートラルになると宣言することや、使っているバイオ燃料が実は違法伐採された木材からつくられたのが後に分かった、といったこともグリーンウオッシュと考えられる。消費者が環境に良い製品だと思って買ったにもかかわらず、実は環境破壊につながってしまいかねないという問題もある。そもそも地球環境の保護につながらない商品が多く売られては、パリ協定といった目標の達成はおぼつかない。それゆえグリーンウオッシュを排除する必要があるのだ。この言葉自体は1980年代からある古い考え方だが、最近の「環境ブーム」を背景に再び関心が集まった。

21年1月、EUの欧州委員会が、化粧品や衣料などを扱う企業の344のサイトについて、グリーンウオッシュの有無を調査したところ、半数以上が利用者が企業の主張が正しいかどうかを判断するのに十分な情報を提供していなかった[6]。42%がその主張に誇張や虚偽が含まれることが確認され、EUの法令違反になる可能性があることが分かった。とはいえ、悪意のない企業がその商品が本当に持続可能かを証明するのは難しい。各企業はサステナビリティー報告書などを定期的に公表し、第三者機関のチェックを受けるなどしているが、多くの商品をいちいち確認する消費者は多くない。数値を伴う基準が明記されたタクソノミーならば、誇張したり、消費者を欺いたりすることは難しくなる。消費者もEUの制度ならば、購入時に一定の信頼感を持つことができる。

制度は異なるが、考え方としては「エコラベル」と似ているだろう。例えば、日本の家電向けの省エネラベルは、省エネルギー法に基づいて、省エネ性能が5つの星で明示される。消費者は自分が買うエアコンや冷蔵庫がどの程度の省エネ性能があるか一目で分かる。EUにも同様のエコラベル制度がある。企業は商品やサービスについて、原材料の調達から生産、流通、廃棄までライフサイクル全体を通じて環境基準を満たすことで、エコラベルを取得できる。企業がエコラベルを使うかどうかは任意だが、消費者はこれを基準に購入する商品を選べる。環境への意識が高まるなかで、エコラベルを活用しなければ企業は不利になりかねない。欧州委員会によると、22年9月時点でエコラベルは、8万7485の製品やサービスに使われている[7]。ホテルやティッシュペーパー、洗剤、家具など幅広く、

ラベルで省エネ性能が分かる（ブリュッセルの家電量販店）

10年間で6倍以上に増えた。欧州委は金融商品のエコラベルも検討している。

これから詳細を紹介するタクソノミーも根底は同様の考え方だ。明確な基準を示すことで、グリーンウオッシュの商品やサービスを排除し、環境対策の実効性を高める狙いがある。

民間中心の金融連合

「今後30年間に（排出の）実質ゼロに必要な100兆ドルの資金を投じることが可能だ」。21年11月3日、金融機関の有志連合「グラスゴー金融同盟（GFANZ＝ジーファンズ）」はそう華々しく宣言した［8］。第26回国連気候変動枠組み条約締約国会議（COP26）の会期中で、多くの国や企業、非政府組織（NGO）から注目を集めた。世界の温暖化ガスの排出を実質ゼロにするために、企業などに必要なマネーを投融資するのが目的だ。日本を含む世界から550超の金融機関が参加する。英イングランド銀行（中央銀行）元総裁のマーク・カーニー共同議長が提唱して21年4月に発足した。

脱炭素社会への転換には設備投資や研究開発などが欠かせず、金融機関の果たす役割は大きい。GFANZは22年にアジアやアフリカなどに拠点を設けると発表した。途上国では化石燃料への依存度が高く、排出を減らす余地は大きいが、排出量データの算定などが十分ではなく、金融機関が投融資にちゅうちょする理由もある。

「官だけでも民だけでも実現することはできない」。カーニー氏は官民が協力する必要性を訴えてきた。具体的には社会的意義の高い事業に公的資金を入れて民間マネーの呼び水にする「ブレンドファイナンス」だ。少しずつ具体的な案件が出つつある。

22年11月、ドイツと米国はエジプトの環境対策を支援するために、再生可能エネルギーの普及などに5億ドル規模の支援パッケージを発表した。5億ドルは主に公的資金で、ドイツは5000万ユーロの無償資金協力や1億ユーロ規模の低金利融資などで支援する。エジプトが50年までの温暖化対策の目標を達成するには3240億ドルが必要で、GFANZは官に続く形で支援を約束した。シャピロ副会長は声明で「政府、国際開発金融機関、民間セクターの力を結集することで、エジプトのカーボン・ゼロの未来の基礎を築く」と表明した[9]。

官の役割は公的資金の拠出だけではない。EUがタクソノミーなど持続可能な金融を推し進めるのは、金融機関にわかりやすさを提供し、意思決定をしやすくさせる基準づくりの面も大きい。金融機関は利益を得ながら、企業の脱炭素移行を後押ししなければならない。

もちろん課題もある。GFANZは国連との密接な連携を打ち出していたが、国連が22年6月に化石燃料企業への投融資の制限を強め、石炭については「新規事業はゼロにする」との基準を設けると、反発が広がった[10]。ロシアのウクライナ侵攻で化石燃料への依存が明白になるなか、性急な脱炭素は難しいとの現実論が金融機関のなかで高まったためだ。結局、国連は石炭事業は「段階的に中止すべきだ」との表現に緩め、GFANZも国連などの助言に「留意する」と姿勢を後退させた[11]。一部にはGFANZを脱退する年金基金もあり、一枚岩でないことがあらわになった。

足元で関心を集めているのは、投融資先の企業の排出量（ファイナンスド・エミッション）計測・公開の普及だ。投融資がどの程度排出量に影響したかが分かるようになるため、金融機関の投融資の成果が把握しやすくなる。金融機関は企業に排出削減を進めるよう働きかけがしやすくなる面もある。ファイナンスド・エミッションには脱炭素を促す投融資に積極的であればあるほど、排出の多い企業を避けてしまう可能性があるほか、非上場企業や途上国の企業の排出量の把握が難しい点がある。金融機関の取り組みを「見える化」するより良い手法などが検討されている。

2　攻防「タクソノミー」

持続可能な経済活動のリスト

タクソノミーは、6つの環境目標からなる。「気候変動の緩和」(温暖化ガスの削減)、「気候変動への適応」(自然災害への対処)、「水と海洋資源の持続可能な利用と保護」「循環型経済への移行」「汚染の予防と制御」「生物多様性と生態系の保護と回復」だ。この6つの目標のうち、1つ以上に貢献し、ほかの目標に重大な悪影響を与えないといった条件を満たせば、「持続可能な経済活動」に認定される。「緩和」と「適応」は、後述の一部を除き、22年1月から適用が始まった。2つを合わせて数百ページにおよぶルールは何が持続可能か詳細に示している。

例えば鉄鋼の溶銑や、エチレンをつくる際、二酸化炭素(CO_2)排出量を、ある一定の基準以下に抑えなければならない。建物の改修やセメント、電池製造、発電なども対象でEUの温暖化ガスの排出の8割をカバーする。

具体的に見るとわかりやすい。典型例が自動車だ。EUはタクソノミーに、26年以降は

図表 8-1　EU の燃料別新車販売（2021 年）

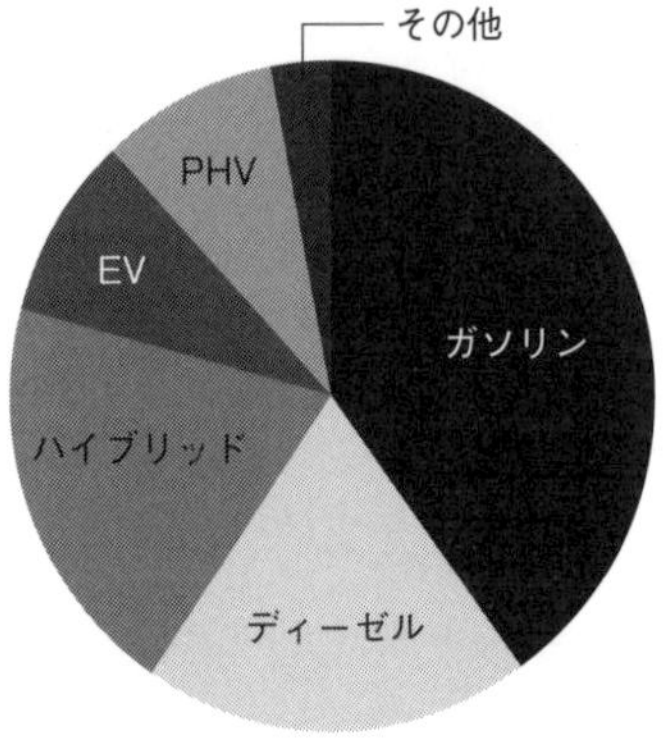

出所）欧州自動車工業会

CO_2排出がゼロでない乗用車は「持続可能」でないと明示した。日本メーカーが得意とするハイブリッド車はもちろん、電気とガソリンなど燃料を併用して走るプラグインハイブリッド車（PHV）はタクソノミーから排除されることになる。この判断は自動車業界を中心に衝撃を与えた。欧州自動車工業会（ACEA）によると、21年のEU内での新車販売で最も多いのがガソリン車で4割を占める。ディーゼル車とハイブリッド車がそれぞれ19・6％と続き、EV（9・1％）、PHV（8・9％）となる。EUのタクソノミー基準では26年以降に「持続可能」とみなされるのは、主に9・1％のEVと、足元ではほとんど普及していない燃料電池車くらいになる。

タクソノミーは強制的なルールではなく、あくまでも基準なので、基準に沿っていない事業や商品の生産や販売が禁じられるわけではない。メーカーは

26年を過ぎても、ガソリン車もPHVもつくって販売することはできる。EUはあくまで何に投資するかは投資家の判断だと説明するが、投資家や消費者の視線は厳しくなるのは確実で、EUタクソノミーの基準を満たさなければ、良い条件で資金を集めにくくなったり、商品が売れにくくなったりするなど、EU市場での評価が下がる可能性がある。

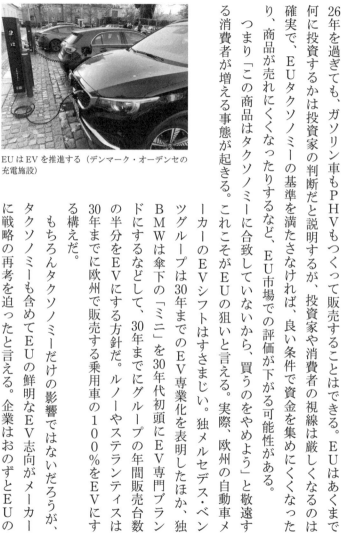

つまり「この商品はタクソノミーに合致していないから、買うのをやめよう」と敬遠する消費者が増える事態が起きる。これこそがEUの狙いと言える。実際、欧州の自動車メーカーのEVシフトはすさまじい。独メルセデス・ベンツグループは30年までのEV専業化を表明したほか、独BMWは傘下の「ミニ」を30年代初頭にEV専門ブランドにするなどして、30年までにグループの年間販売台数の半分をEVにする方針だ。ルノーやステランティスは30年までに欧州で販売する乗用車の100%をEVにする構えだ。

EUはEVを推進する（デンマーク・オーデンセの充電施設）

もちろんタクソノミーだけの影響ではないだろうが、タクソノミーも含めてEUの鮮明なEV志向がメーカーに戦略の再考を迫ったと言える。企業はおのずとEUの方針を念頭に経営判断を下すことになる。ＥＵの狙いはマネーの流れをも変え、ＥＶや再生可能エネルギーといったグリーン社会実現のための技術や手段にふりむけることだ。

原子力とガス

22年1月から一部の適用が始まったＥＵタクソノミーだが、重要な部分が抜け落ちていた。原子力と天然ガスをどう扱うかだ。すでに他の基準は公表され、開始が寸前に迫る21年末、欧州委はなお加盟国と調整を続けていた。同年中に具体案を提示すると約束していたからだ。加盟国間の意見の対立は大きく、議論は簡単には収束しそうにない。ギリギリまで文面を練っていた欧州委が加盟国に文書を送ったのは大みそかの12月31日。確かに年内だが、欧州ではクリスマスを過ぎたら休暇に入るのが一般的だ。それほど欧州委が切羽詰まった状況に追い込まれていた。公表は22年1月1日だった[1]。欧州では日本よりも正月が重視されていないとはいえ、祝日なのは同じで異例の発表だったといえる。

とはいえ、内容は事前に予想された通りだった。欧州委は発表文で未来へのエネルギー移行を促進する手段に「天然ガスと原子力の役割がある」と主張した。原子力もガスも一定の条件付きながらも「持続可能」と分類された。一定の条件とは、原子力発電所の新設ならば、45年までに建設認可を取得することに加え、生物多様性や水資源など環境に重大な害を及ぼさず、高レベル放射性廃棄物を処分する施設をつくる計画を立てる必要がある。天然ガスは発電時CO_2排出量が1キロワット時あたり270グラム未満に抑える。石炭など排出の多い発電所の代替であることを証明し、30年までに建設認可を得て、35年までに低炭素ガスに切り替える計画を立てることなどを求めた。

一部の加盟国やNGOなどからは不満が出た。確かに原子力とガスが「持続可能」かと問われれば、すんなりとイエスとは答えにくい。まず原子力発電は稼働中にCO_2を排出しないが、処理の難しい放射性廃棄物が出る。高レベル放射性廃棄物は「核のごみ」と呼ばれ、10万年単位で地下深くに保管し、無害化するのが現在の主な対応だ。その処分場の建設を決めたのは、世界でフィンランドとスウェーデンの2国だけしかない。地元住民の理解を得るのは難しく、日本を含めて世界で処分場の設置が進んでいないのが現状だ。加えて、欧州には1986年にウクライナのチョルノービリ原子力発電所で起きた事故で放射能飛散の記憶が残る。ロシアのウクライナ侵攻で占領された欧州最大級のザポロジエ原発(同国南部)で砲撃が起きたことも反対派が慎重姿勢を強めた理由だ。

天然ガスは石炭に比べてクリーンなのは確かだ。石炭から再生可能エネルギーへの橋渡し役として「ブリッジエネルギー」とも呼ばれる。だがCO_2を排出するのも事実で、米エネルギー情報局(EIA)によると、ガスの排出量は石炭の5~6割ほどだ[12]。50年に排出

図表8-2　EUの電源構成（2020年、発電量ベース）

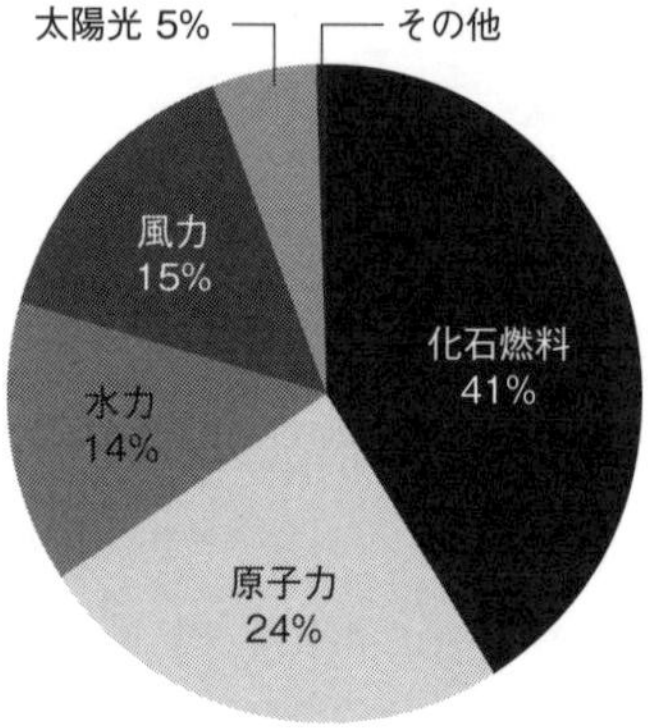

出所）EU統計局

を実質ゼロにする目標を見据えて急激に排出を減らす必要性に迫られるなか、ガスの利用を促進しかねない「持続可能」の認定は、ＥＵの目標と逆行しているとの主張もある。

検討段階では、実は新しいカテゴリーをつくる案が検討されていた。専門家グループが環境に重大な影響を与える「レッド」と、持続可能な「グリーン」との間に「アンバー（琥珀《こはく》色）」を設け、天然ガスをアンバーに分類するよう提案した。しかし、欧州委はこの案を採用せず、「現状のタクソノミー規制によって対応可能だ」として、ガスは持続可能という方針を貫いた。

最終的に、欧州委の案は現実を見据えた内容だったといえる。20年のＥＵの電源構成（発電量ベース）を見ると、化石燃料が４割強で、原子力が24％、水力を含めた再生可能エネルギーが３分の１程度。Ｅ

Uは再生エネを拡大する方針ではあるものの、短期的に原子力や化石燃料をすべて代替できるわけではない。化石燃料のなかではクリーンなガスと運転中はCO_2を出さない原子力は当面は必要と判断した。

タクソノミーに認定されなかったからといって、原発やガス発電所がつくれなくなるわけではないが、資金が集めにくくなる上、投資家や有権者からのイメージも悪くなる。まして、EUの中核のフランスは発電量に占める原子力の割合が7割になる原子力大国で、ドイツもガスへの依存度が高い。

原子力発電所の新設には1兆円を超えるケースも少なく、民間マネーなしではまかないきれない。原子力とガスを除けば、持続可能といえるのは再生エネだけになるが、現段階では再生エネだけで電力需要すべてをまかなえる状況にはない。

加えて、ロシアによるウクライナ侵攻でエネルギー確保の不確実性が高まった。欧州との対立が深まり、ロシアがガス供給を絞り込むなかで、古い石炭火力発電所を再稼働しようとする加盟国も現れた。当面はロシア産化

原子力を再評価する動きが広がる（ベルギーのティアンジュ原発）

石燃料を代替するエネルギーが必要で、欧州委はそのなかにはガスが含まれてもやむを得ないと考えた。米国やカタールなどから液化天然ガス（ＬＮＧ）の輸入を拡大するならば、受け入れ基地の整備に大きな投資が必要となる。排出ゼロの原子力と合わせて活用するのが、エネルギー安全保障の面でも、温暖化ガス削減の面でも、現実的な解だ。30年までに温暖化ガスの排出を１９９０年比55％、そして50年に実質ゼロにするには原子力は欠かせず、ガスも石炭からの移行措置として当面は認める。欧州委が出したのはそんな結論だった。

ＥＵ内でも賛否両論

欧州委はこの提案に「委任法」（Delegated Acts）と呼ばれる制度を使った。これは09年発効のリスボン条約が認めた法令の一種で、通常の法律の内容で「非本質的な」要素を追加したり、修正したりする場合は、欧州委の権限で対応できるというものだ。これを阻止するには、ＥＵ加盟国からなる理事会か欧州議会が提案の承認を拒否する必要がある。

だが条件は厳しい。まず理事会では人口の65％、加盟国の72％が反対しなければならない。国数でいうと、加盟27カ国のうちの20カ国以上になり、事実上難しい。実際、理事会は承認を拒否するための手続きをとらなかった。可能性があったのは欧州議会で、定数７０

5のうち、絶対過半数（353）が反対すれば承認を拒否できる。

欧州委にとって不穏な動きが表面化したのは6月14日だった。欧州議会の経済金融と環境の合同委員会が欧州委案に反対する文書を可決したのだ。ガスと原子力を含めることに反対したのが76、賛成が62、棄権が4だった。欧州議員は直接選挙で選ばれる分、多くの団体がロビー活動を繰り広げているため、非政府組織（NGO）などとつながりを持つ議員も少なくない。欧州議会の判断はより踏み込んだ内容になることが多い。

本会議でも反対が多数ならば、欧州委は同案を撤回するか修正を迫られる。ただでさえ、原子力とガスのタクソノミーの認定は延期に延期を重ねてきたのに、これ以上遅れるわけにはいかない。各国政府、議会会派による激しい水面下での調整が始まった。激しい多数派工作をしたのは、マクロン仏大統領と関係の深い欧州議会の「欧州刷新（Renew Europe）」だ。フランスは22年1～6月のEUの議長を務めていたこともあり、原子力を中心にタクソノミーに認定するよう多くの欧州議員を説得してまわった。

そして7月6日の本会議では投票の結果、原子力とガスを「持続可能」と認定することに賛成が328、反対が278、棄権が33だった[13]。マクギネス欧州委員は「EUのエネルギー転換に必要なガスと原子力への民間投資が、（EUの）厳しい基準を満たすための現実的な対応だ」と歓迎した。

反対派にとって難しかったのは、原子力とガス両方を「持続可能」と認める意見もあれば、原子力だけ、あるいはガスだけを分類すべきだとの主張もある点だ。ドイツはガスには賛成だが、原子力を含めることには反対だった。原子力大国のフランスは、建設を計画する中・東欧諸国とともに原子力を支持した。全部で4通りの立場があることになるが、採決は欧州委案への賛否のみだ。つまり原子力とガスはいずれも持続可能か、そうでないかの判断しかできない。その結果、本音ではガスのみを支持する議員も、合わせて原子力も支持することになり、認定にプラスに働いた格好だ。

結局、この委任法は成立し、23年からの適用が決まった。しかし、それでもこの法律に納得しない国が声を上げた。オーストリア政府が22年10月、タクソノミーでの原子力とガスの扱いが不服だとしてEU司法裁判所に提訴したのだ。ゲウェッスラー気候変動・エネルギー相は「原子力とガスに『グリーン』というラベルを貼るのは、無責任かつ不合理だ」と訴えた。水力だけで電力の6割をまかない、化石燃料は約2割オーストリアは原子力への反対が伝統的に強い。オーストリアは他国に支持を募っており、ルクセンブルクなどは賛意を示している。NGOも別の訴訟を起こしている。EUの政策金融機関、欧州投資銀行(EIB)のホイヤー総裁はかつてEIBが原子力に投資するつもりは「全くない」とする一方、「控えめに言っても、ガスは終わった」と原子力、ガスともに否定的な意見を示したことがある。いわば身内からも批判が出る状態で、EUとしても不満を抱えたままの船出となった。裁判の結果が出るには通常数年かかることが多い。もし司法がオーストリア政府の主張を認めれば、大きな混乱は避けられない。

3 タクソノミーをデファクト・スタンダードに

タクソノミー主体のルール整備

タクソノミーはあくまで基準であって、投資家や企業はその利用を強制されるわけではない。だがEUはタクソノミーを基礎としたルールづくりを進めているのが実態だ。タクソノミー規則を中心に金融市場参加者向けの「持続可能金融開示規則」(SFDR)と企業向けの「企業持続可能性開示指令」(CSRD)を駆使し、環境保護や社会的な責任といった非財務情報の開示を義務付ける。

SFDRはすでに施行されており、銀行や証券、保険に加え、投資や資産運用会社などが対象だ。投資過程で金融商品の持続可能性への影響をどう評価したかや、それぞれの商品がESGにどう対応しているかといった項目の開示が義務化されている。さらにタクソノミー規則に基づき、投資する際にどのようにタクソノミーが用いられたのか、タクソノミーに適合する投資や商品がどのくらいなのかを公表することも求められている。

もう1つのCSRDは、23年1月に施行された。以前のルールではEU全域でざっと1万1700の企業が対象だったが、これが約5万社程度に拡大した。EU域内で上場するほぼすべての企業に加え、EU内の大企業に適用される。「大企業」の定義は①年間売上高が4000万ユーロ超②貸借対照表の資産が2000万ユーロ超②従業員が250人超――の3つのうち、2つ以上を満たす企業だ。日本を含むEU域外企業は、EU域内での売上高が1億5000万ユーロ以上あり、域内に少なくとも1つ以上の子会社か支店がある場合などは対象だ。

適用は24年から順次始まる。開示する情報の対象は現行規制では、企業は環境保護や、社会的な責任と従業員の待遇、人権尊重、年齢や性別など取締役会の多様性といった情報の公開が求められているが、新ルールではさらに気候変動問題に対応するビジネスモデルや企業戦略の計画のほか、気候変動が企業に影響を与えるリスクや持続可能性に関する役員の役割なども開示が求められる。さらにタクソノミー規則を反映して、タクソノミーに適合する売上高や設備投資の割合なども公表する必要がある。利用者が探しやすいように、デジタル形式で公表することも求めている。

さらに公開される情報の信頼性を高めるために、監査を受ける要件を盛り込んだ。欧州委は企業への負担を考慮して、監査を受ける必要がある情報の対象を徐々に広げる構え。加盟国は、監査法人以外にも、持続可能性の情報を監査する団体を指定できる。違反した企業は罰則の対象になる可能性がある。罰則の内容はそれぞれの加盟国が決める。

情報開示が充実すれば、投資家や消費者は企業や金融機関の持続可能性の取り組みが分かり、複数の情報を比較しながら、投資先や商品・サービスを選ぶようになる。一方で、環境など持続可能性への取り組みが十分でない企業や金融機関は、資金調達コストが膨らむリスクがある。開示体制の負担も見逃せない。

利用は義務ではないといいながら、EUがタクソノミーをデファクト・スタンダードとして、これを中心としたグリーンマネーの流れを打ち立てようとしているのは明らかだ。EUは今後も一段と施策を強化する構えだ。EUで事業をしている日本企業が無関係でいられないということだけではない。重要なのは、EUのタクソノミーが世界を席巻する可能性があることだ。例えば日本や韓国、英国、カナダ、東南アジア諸国連合（ASEAN）などでは独自のタクソノミーの策定を模索する動きがある。議論の進展度合いは異なるが、いざ導入しようというときに、参考にするのはフロントランナーのEUタクソノミーである。今のうちからEUタクソノミーに適応し、世界で活発になる持続可能な金融の荒波に備える必要があるだろう。

EU、最大の環境債発行体に

タクソノミーと並び、世界の持続可能な金融でEUの存在感を高めようとする取り組みが環境債（グリーンボンド）の戦略だ。発行額でもルールメーキングでも主導権を握り、マネーを呼び込む。

「このプログラムでEUは世界最大の環境債（グリーンボンド）発行体となる」。EUのハーン欧州委員（予算担当）は21年10月、新型コロナウイルスに関する復興基金の資金調達として、初の環境債発行について満足げに語った。EU加盟国は20年7月に新型コロナ禍からの経済再生のために、復興基金を設立することで合意した。規模は7500億ユーロだ。26年までに市場から調達されるが、実際の発行額は将来のインフレなどを考慮して8000億ユーロになる。

このうち3分の1に当たる2500億ユーロを環境債で調達することを決めた。環境債とは、調達した資金の使い道を環境関連に絞った債券だ。EUは用途を9つの分野に絞ると約束しており、グリーン転換に貢献する研究開発（R&D）や省エネ、クリーンエネルギーなどを挙げている。その第1弾が21年10月に120億ユーロを調達したときだ。償還期限が37年までの15年債に調達額の11倍を超える１３５０億ユーロ以上の応募があったという。リトアニアの風力発電所建設やドイツの自動車工場のデジタル化などに使われる見通しだ。

ドイツやオランダといった財政基盤の強固な加盟国によって支えられる信用力の高さに加え、流動性が大きい。世界的なＥＳＧへの関心の高まりを背景に、環境債への引き合いが強いのもプラス材料だ。英ＮＧＯの気候債券イニシアチブ（ＣＢＩ）によると、21年の世界の環境債発行額は５２２７億ドルと前年から75％増えた。その約半分は欧州からで、すでに欧州は環境債発行でトップに立っている。ＥＵの方針で、世界の環境債発行市場は欧州中心の傾向が一段と強まるのは確実だ。資金が集まれば様々な投資が刺激され、雇用も生まれる。サステナブル・ファイナンス市場でＥＵの地位を高める野心が見え隠れする。

もちろん、環境債だけでなく、ＥＳＧ債全体が人気だ。持続可能性（サステナビリティー）債や社会貢献債を含めたＥＳＧ債の発行は１・１超ドル規模になっている。ＥＵは加盟国を含めてこうした債券を相次ぎ発行しており、投資家のマネーを引き付けている。

しかし、ＥＵの野心は巨額の発行だけにとどまらない。その環境債のルールもつくってしまおうというのだ。ＥＵの欧州委員会が21年7月に公表した環境債に関連する法案で、ＥＵのルールに従っていれば「ＥｕＧＢ」と名乗れるようにするとの方針を示した[14]。Ｅ

図表 8-3　環境債の発行は増え続けている

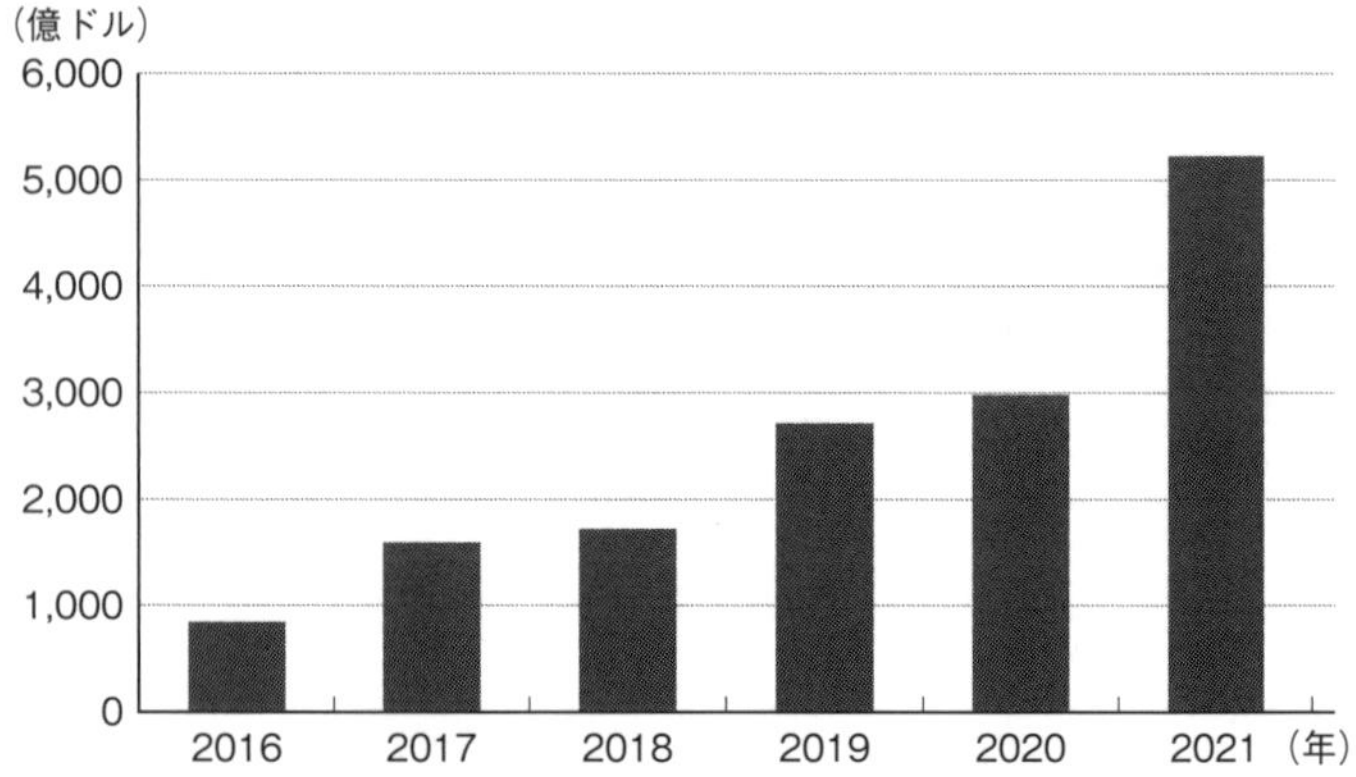

出所）気候債券イニシアチブ

Ｕが環境債の基準をつくることで投資家の信頼を高める狙いで、やはりこれにもグリーンウオッシュを排除する狙いがある。

法案によると、企業は環境債発行前に資金調達の目的や資金の使途を公表し、発行後は資金をどう使っているか報告書をまとめる。ＥｕＧＢで調達した資金はＥＵタクソノミーに沿った商品や事業に使われなければならない。ＥＵの専門機関、欧州証券市場監督機構（ＥＳＭＡ）に登録された第三者機関が、発行前と発行終了後に報告書の内容などがＥＵの基準に沿っているかどうか審査する。合致していなければ、環境債発行者が罰金を科される可能性がある。欧州委は基準の利用を義務にすることをめざしたものの、金融機関などの反発が強く、基準を使うかは企業が決める。つまり、ＥｕＧＢでない環境債も商品としてＥＵ内に残りそうだ。一方で、ＥＵはＥｕＧＢをＥＵ域外でも使えるようにする構えだ。日本でもＥＵ基準を満たした環境債が購入できる可能性がある。法案は欧州議会と閣僚理事会、欧州委員会の３者の間で議論中で、早期の合意をめざしている。

タクソノミーはＥＵが先行したが、環境債の基準はいくつかの国ではすでに確立している。中国では当初は高効率な石炭火力発電も環境債で調達した資金の使い道として認めていたが、21年には対象から除外した。自国の温暖化ガスの排出削減目標の強化に対応したほか、世界で石炭への視線が厳しくなっている状況を意識したようだ。ＥＳＧへの関心の高まりを受けて、各国のグリーンマネーの誘致合戦は一段と激しくなりそうだ。

タクソノミー、世界に影響

ＥＵタクソノミーはＥＵ域内で適用されるが、ＥＵ市場で事業展開する日本企業も企業以外も対象になるのはすでに触れた。ＥＵで多くの従業員を抱える大企業や、金融サービスを手掛ける事業者などはタクソノミーの動向を考慮に入れる必要がある。だが直接の影響に加え、より注視すべきなのは間接的な影響だろう。

すでに世界最大の環境債市場になっている欧州にマネーは流れつつあり、ＥＵにはタクソノミーなどを活用してその地位を確実なものにする狙いがある。パリ協定を批准して、世界のほとんどの国が温暖化ガスの大幅な排出削減をめざしている。日本も民間マネーの誘致策が必要で、20兆円規模の「グリーントランスフォーメーション（GX）経済移行債（仮称）」構想が動き出している。タクソノミーを基礎とするEUの基準よりも緩いとみられれば、投資家に本当に環境保護に貢献するか懐疑的な目で見られる可能性もある。先行者の優位は大きく、日本が欧州よりも魅力的な環境債市場を整備するのは簡単ではない。もちろん、EUの制度で日本に活用できる内容はどんどん導入すべきだ。

例えば、EUがタクソノミーで原子力を「持続可能」と認めたことは、日本の原発の再稼働に追い風だったといえる。岸田文雄首相は22年7月に原発の稼働を9基、8月には合わせて17基に拡大すると表明した。参院選で自民党が勝利を収めた後で、原発政策を動かしやすい環境だったのもあるが、EUがタクソノミーで原発を「持続可能」と位置づけたことは大きかった。ある日本政府関係者は振り返る。「EUタクソノミーで原発が『持続可能』と認定されなければ、日本が再稼働を進める方針を打ち出すのは難しかったかもしれない」。日本政府内の議論では「EUが認めたのだから日本も再稼働を進めるべきだ」との意見があったという。

11年3月11日の東日本大震災を機に日本の原子力発電所は停止し、日本の電力構成は足元で火力が8割弱になっている。パリ協定を批准し、脱化石燃料をめざしているなかで、

8割を火力に頼る現状から早く脱する必要があるが、その手段は大きく2つしかない。1つは再生エネの拡大で、もう1つは原子力発電の活用だ。

再生エネでは、太陽光や風力といった自然エネルギーから電力をつくるのは、環境に害を与えない上に他国に依存しない国産エネルギーとなるため価値は高い。だが火力すべてを短期間で代替するのは不可能だ。そこで今動いていない原発の再稼働が重要となる。廃炉が決まっている原発を除けば、国内には36基（建設中を含む）がある。23年2月時点で再稼働したのは10基。残りも動かしていかなければ、火力依存は続く。これはパリ協定を達成するための気候変動対策の観点だけで問題なのではない。供給や価格で不安定な他国産エネルギーへの依存が続くというエネルギー安全保障の点でも日本が対処していくべき課題だ。

COLUMN

SDGsとESG

SDGsとESGはいずれも国連から生まれた言葉で、内容も似ているが、その成り立ちと違いを整理しておこう。

持続可能な開発目標（SDGs=Sustainable Development Goals）は、15年に開かれた国連の「持続可能な開発サミット」で採択された。2000年に策定されたミレニアム開発目標（MDGs）の後継と位置づけられている。MDGsは「極度の貧困と飢餓の撲滅」「初等教育の完全普及の達成」「環境の持続可能性確保」といった8つの目標（Goal）を掲げ、より具体的な21のターゲットと60の指標が盛り込まれた。「1日1・25ドルで生活する人口の割合を半減させる」や「妊産婦の死亡率を4分の1に削減する」といった内容だ。貧困人口の減少などは期限の15年までに一定の成果は見られたものの、国や地域、あるいは性別や年齢によっても達成度合いに差があり、MDGsの取り組みの恩恵を受けられない人がいることも課題になった。

ＳＤＧｓは30年を期限として、ＭＤＧｓで達成できなかったことに加え、時代の変化に伴って出現した新たな課題を取り上げた。「誰一人取り残さない」を重要テーマとして「水・衛生」や「エネルギー」「成長・雇用」「イノベーション」といった17の目標を打ち出した。目標の下に１６９のターゲットと２３１の指標がある。ターゲットの事例では「あらゆる場所のすべての女性へのあらゆる形態の差別を撤廃」「すべての人々の安全で安価な飲料水の普遍的かつ平等なアクセスを達成」「各国の所得下位40％の所得成長率について、国内平均を上回る数値を達成し、持続」といった具合だ。ＭＤＧｓは主に途上国向けの目標だったが、ＳＤＧｓは先進国や途上国を問わず、すべての国が行動した上で、自治体や企業、個人などのステークホルダーがそれぞれの役割を果たすよう促している。

環境問題に絡む目標も多い。エネルギーの目標には「世界のエネルギーミックスにおける再生エネの割合を大幅に拡大」「世界全体のエネルギー効率の改善率を倍増」などのターゲットがあるほか、気候変動では「すべての国で気候変動対策を国別の政策、戦略、計画に盛り込む」などがある。ほかにも持続可能な生産・消費や海洋、生態系をテーマとした目標もあり、いずれも環境問題と密接に関連する。各国の環境対策の強化は、ＳＤＧｓの達成にもつながる。

ＥＳＧはEnvironment、Social、Governanceの頭文字をとった言葉で、06年に当時のアナン国連事務総長が発表した「責任投資原則（ＰＲＩ）」のなかで、投資判断の新しい基準としてＥＳＧを紹介して、本格的な普及が進んだ。ＥはCO_2の削減や再生エネの利用、Ｓは男女平等やダイバーシティ、Ｇは情報開示や法令順守などを指す。

07年に始まった金融危機は、短期的な利益を過度に求めすぎたために起きた一面もある。ＥＳＧはこの対極にある考え方で、企業が長期的な成長をめざす上で重要な観点と言える。最近では投資家の多くは企業がＥＳＧに配慮した経営をしているかどうかを投資基準としている。化石燃料を扱う企業は投資対象から外すといった動きがある。日本では年金積立金管理運用独立行政法人（ＧＰＩＦ）が15年にＰＲＩに署名したのを機に多くの民間金融機関に広がった。

ＳＤＧｓはどちらかというと国が主体なのに対し、ＥＳＧは民間企業や投資家が主体だ。企業や投資家がＥＳＧをしっかりと経営戦略に組み込めば、ＳＤＧｓの達成に貢献するといえる。各国の運用会社などで構成する世界持続的投資連合（ＧＳＩＡ）によると、20年の世界のＥＳＧ投資額は35・3兆ドルと16年からの４年間で１・５倍になった[15]。

参照文献

1 European Commission.（2022年1月1日）. EU Taxonomy: Commission begins expert consultations on Complementary Delegated Act covering certain nuclear and gas activities.
参照先: https://ec.europa.eu/commission/presscorner/detail/en/ip_22_2

2 The UN climate champions.（2021年11月03日）. What's the cost of net zero?
参照先: https://climatechampions.unfccc.int/whats-the-cost-of-net-zero-2/

3 International Renewable Energy Agency.（2021年6月）. World Energy Transitions Outlook: 1.5°C Pathway.
参照先: https://irena.org/publications/2021/Jun/World-Energy-Transitions-Outlook

4 International Energy Agency.（2021年5月）. Net Zero by 2050.
参照先: https://www.iea.org/reports/net-zero-by-2050

5 European Parliament.（2020年1月15日）. Europe's one trillion climate finance plan.
参照先: https://www.europarl.europa.eu/news/en/headlines/society/20200109STO69927/europe-s-one-trillion-climate-finance-plan

6 European Commission.（2021年1月28日）. Screening of websites for 'greenwashing': half of green claims lack evidence.
参照先: https://ec.europa.eu/commission/presscorner/detail/en/ip_21_269

7 European Commission.（日付不明）. EU Ecolabel.
参照先: https://environment.ec.europa.eu/topics/circular-economy/eu-ecolabel-home_en

8 Glasgow Financial Alliance for Net Zero.（2021年11月3日）. Amount of finance committed to achieving 1.5°C now at scale needed to deliver the transition.
参照先:https://www.gfanzero.com/press/amount-of-finance-committed-to-achieving-1-5c-now-at-scale-needed-to-

deliver-the-transition/

9 Glasgow Finance Alliance for Net Zero.（2022年11月9日）. GFANZ Private Finance Working Group for NWFE: Statement of Support.
参照先:https://www.gfanzero.com/press/gfanz-private-finance-working-group-for-nwfe-statement-of-support/

10 The UN Climate Champions.（2022年6月15日）. 'Race to Zero' campaign updates criteria to raise the bar on net zero delivery.
参照先:https://climatechampions.unfccc.int/criteria-consultation-3-0/

11 The UN Climate Champions.（2022年9月16日）. Race to Zero clarifications.
参照先:https://climatechampions.unfccc.int/race-to-zero-clarifications/

12 U.S. Energy Information Administration.（日付不明）. Carbon Dioxide Emissions Coefficients.
参照先: https://www.eia.gov/environment/emissions/co2_vol_mass.php

13 European Parliament.（2022年7月6日）. Taxonomy: MEPs do not object to inclusion of gas and nuclear activities.
参照先: https://www.europarl.europa.eu/news/en/press-room/20220701IPR34365/taxonomy-meps-do-not-object-to-inclusion-of-gas-and-nuclear-activities

14 European Commission.（2021年7月6日）. Commission puts forward new strategy to make the EU's financial system more sustainable and proposes new European Green Bond Standard.
参照先: https://ec.europa.eu/commission/presscorner/detail/en/ip_21_3405

15 Global Sustainable Investment Alliance.（2021年7月）. Global Sustainable Investment Review 2020.
参照先:https://www.gsi-alliance.org/wp-content/uploads/2021/08/GSIR-20201.pdf

第9章

ライフスタイルの変革じわり

多消費型から循環型へ

2050年に温暖化ガスの排出を実質ゼロにするなど、社会を持続可能に変えるのに避けて通れない分野がある。我々自身の生活だ。何かの製品をつくるにしても、サービスを受けるにしても、温暖化ガスや有害物質の発生などを通じて地球に負荷がかかっており、その状況を変えねばならない。世界は多消費型からリサイクルや再利用を推進する循環経済（サーキュラーエコノミー）に移行しようとしている。生活の変化には一定の痛みを伴う。安く買って数回着て捨てる「ファストファッション」は持続可能な社会とは相いれない。自家用車の利用も自由気ままに乗っていた以前よりは控える必要があるだろう。短距離の飛行機に乗るのを夜行列車にすれば、移動時間はかかるが環境に優しい選択肢だ。日常生活で使い捨てのプラスチックを見る機会は減っている。

循環経済は今ある資源をより有効に使おうとする考え方でもある。電気自動車（EV）の普及時代を迎え、電池（バッテリー）が大量に生産される。電池には貴重な金属が必要で、他国から大量に調達し続けるのはエネルギー安全保障上も持続可能性という観点からも懸念が生じる。できるだけ製品を長く使ってごみを減らし、その上で廃棄物に入っている資源などを再利用したり、リサイクルしたりするのが大きな柱だ。欧州連合（EU）はそのための制度改正に乗り出している。電子ごみを減らすためにスマートフォン（スマホ）の充電規格を統一した決定では、米アップルが対応を迫られる事態にもなっている。

この章では使い捨て中心の多消費型からリサイクルや再利用を主とした循環型社会への変革を追う。

1　迫られる意識改革

夜行列車ブーム

欧州では夜行列車が増えている（ブリュッセル南駅）

ブリュッセルの国際列車発着の主要駅であるブリュッセル南駅。21年5月下旬のある夜、同駅からオーストリアの首都ウィーンに向かう夜行列車が出発した。ざっと14時間弱の旅だ。最近は旅行者とは別にスーツ姿の乗客も増えたという。ＥＵの官僚も飛行機ではなく、鉄道を使い始めている。

実はこの路線は03年に廃止されて20年に復活した経緯がある。新型コロナウイルスの感染拡大で同年11月に中断したが、感染の落ち着いたところで再び運行を始めた。同様に欧州では主要都市間を結ぶ夜行列車が相次ぎ誕生している。例えばパリと南仏ニース、ストックホルムとベルリンをつなぐ路線だ。夜行列車は、アイルランドのライアンエアーや英イージージェットといった格安航空会社（ＬＣＣ）の台頭で、速さと安さでの競争に敗れて姿をほとんど消していたが、ここにきて息を吹き返しつつある。

ブリュッセルとウィーンを移動すると、飛行機ならば2時間弱で済む。だが乗客１人あたりを1キロメートル運ぶために出る二酸化炭素（ＣＯ$_2$）の量では、鉄道は飛行機の１～2割に過ぎない。鉄道の環境負荷の少なさから温暖化ガスの排出削減につながるという点で、ＥＵや加盟国は短距離では鉄道利用を促す政策をとっている。高速鉄道網を30年までに15年比で2倍、50年までに3倍にするほか、鉄道による貨物輸送量を30年までに１・５倍、50年までに2倍にする戦略をまとめた。

フランスでは鉄道で2時間半以内に移動できる場所への飛行機利用を禁じる法律が成立した。実際に禁止されるのは、鉄道で完全に代替可能といった条件がつくため少数の路線にとどまるが、飛行機から鉄道への移行は着実に進む。

仏政府はパリーニース路線の再開などに1億ユーロを支援し、30年までに約10の路線で夜行列車を復活させる目標を掲げる。オーストリア政府は20年7月、経営難に陥ったオーストリア航空を救済する見返りに、国内線ウィーンーザルツブルク（飛行時間は約45分）は鉄道で代替可能として廃止を決めさせた。

欧州では飛行機の利用を、大量のＣＯ$_2$を排出することから「飛び恥」と批判する人もいる。22年にはフランスのプロサッカーチーム、パリ・サンジェルマン（PSG）が短距離でもプライベートジェットを使っていると問題になった。監督の受け答えのまずさもあって多くの批判が集まり、チームが謝罪する事態に発展した。21年にはフォンデアライエン欧州委員長がウィーンからスロバキアの首都ブラチスラバの約50キロメートルの移動に飛行機を使ったとして批判された。

移動に時間がかかったとしても、寝ている間に着くならば大きな問題はない。そう考える人が増えているようだ。21年にドイツやスペイン、フランスなど欧州5カ国で実施された調査によると、夜行列車の利用に前向きな回答者は全体の69％を占めた。ＥＵや各国の政府機関も公務員に鉄道利用を促している。

温暖化ガスの排出削減など社会をより持続可能にする目標の達成は、私たちにライフスタイルの変革を迫る。場合によっては日常生活が少し不便になるかもしれない。もちろん政府はできるだけ容易に生活習慣を変えられるような政策を実行して、市民の背中を後押しするが、最終的には私たちの意識がどう変わるかにかかっている。排出が実質ゼロの持続可能な社会を実現するには、国や自治体、企業だけでなく、国民一人ひとりの行動の変化が欠かせない。

カギ握る個人の行動

市民の行動の変化は、50年に地球の温暖化ガスの排出量を実質ゼロにするのに「最後のハードル」と言える。EUでいえば、分野別の温暖化ガスの排出量の内訳を見ると、自動車などの国内交通部門が22％で2番目、住宅・ビル部門が13％と4番目の排出源だ。日本では交通部門が17％、家庭部門が5％を占める。休日にドライブするのも、エアコンの設定温度を決めるのも、個人が決めることで、政府が介入しにくい分野ではある。家庭を対象にすると、規模が小さすぎる上、有権者の反発が予想されるからだ。

具体的にはどんな行動が、排出を減らすことにつながるのだろうか。ネットを検索すれば、たくさんの事例が出てくるが、例えば、自家用車を使わず、徒歩や自転車、あるいは公共交通機関を使う。冷暖房の設定温度を弱める。洋服など様々な持ち物をできるだけ長く使ったり、使えなくなったらリサイクルしたりするようにする。長距離の出張や旅行なども減らす——といった具合だ。

米国でのキャンペーンはより具体的だ[1]。食器洗浄機を使わず、自然乾燥を勧め、旅行中は自宅のテレビの電源を切るよう促す。エアコンなどのフィルターは定期的に掃除して、洗濯機はできるだけ洗い物をいっぱいにしてまわす。省エネ性の優れた製品を購入し、電球は古くなったら発光ダイオード（LED）に切り替える。かなり細かいが、一つ一つの行動の積み重ねが省エネにつながり、地球温暖化防止対策になるのだ。

日本はすでに省エネ意識が他国よりは根付いているといえるだろう。国際エネルギー機関（IEA）によると、東日本大震災をきっかけとした東京電力・福島第1原子力発電所の事故を機に電力危機に陥った日本で、政府は企業や市民に節電を呼びかけた。その結果、関東地方の電力需要の削減率は6・5％に達したという[2]。加えて「スーパークールビズ」で夏の暑いオフィスで働く人に軽装を呼びかけるなど、「日本中が一体となって危機に立ち向かった」。この効率化は事故直後だけでなく、数年にわたって続いたという。

いま、日本が経験したような危機が欧州を襲っている。ロシアのウクライナ侵攻に端を発するエネルギー価格の高騰だ。市民にとって切実なのは、省エネしなければ、電力料金やガソリン代の負担増となって家計に重くのしかかることだ。それゆえ、省エネするのが自らにインセンティブとなる。

ただ日本と欧州には目に見えない大きな違いがある。新型コロナウイルス禍でより鮮明になったが、日本は法律で規制することなく、国民に要請する「お願い」ベースで自粛などを求めた一方、欧州でのロックダウン（都市封鎖）は法律に基づき、不必要な外出を禁じた。不要不急の外出をした場合は罰金を徴収されるケースもあった。ある英国人と雑談していたところ「法律がなければ、欧州では多くの人は従わないんじゃないかな」と話していた。

スペインなどでは22年夏に、店舗や飲食店を含む公共の場での冷房の設定温度を27度未満に設定することが禁じられるなど、行動変容を促す動きは出ている。冬の暖房は19度以下にする。一般家庭は義務ではないが、奨励されるという。

利用減へ国際ルールも

22年11〜12月にかけて、南米ウルグアイのプンタデルエステに150カ国以上から政府交渉官が集まった。プラスチックによる海洋汚染などに歯止めをかける国際条約の創設に向けた交渉のためだ。メサクアドラ議長が合意すれば「近年で最も重要な環境条約になるだろう」と意義を強調し、国連のグテレス事務総長は、プラスチックが「別の形をした化石燃料だ」と条約の重要性を説いた。

国連環境総会（UNEA）は同年3月、海洋プラスチックごみの削減をめざして法的拘束力のある国際枠組みを設けることで合意した[3]。プラスチックは途上国の経済発展とともに利用が急増している。経済協力開発機構（OECD）によると、足元のプラスチック利用は年間4・5億トンで、60年には12億トンを超える可能性がある。UNEPは海に流出する量は推定で年1000万トン前後、40年に3倍に増えると予測する。

図表 9-1　プラスチックの利用は増加している

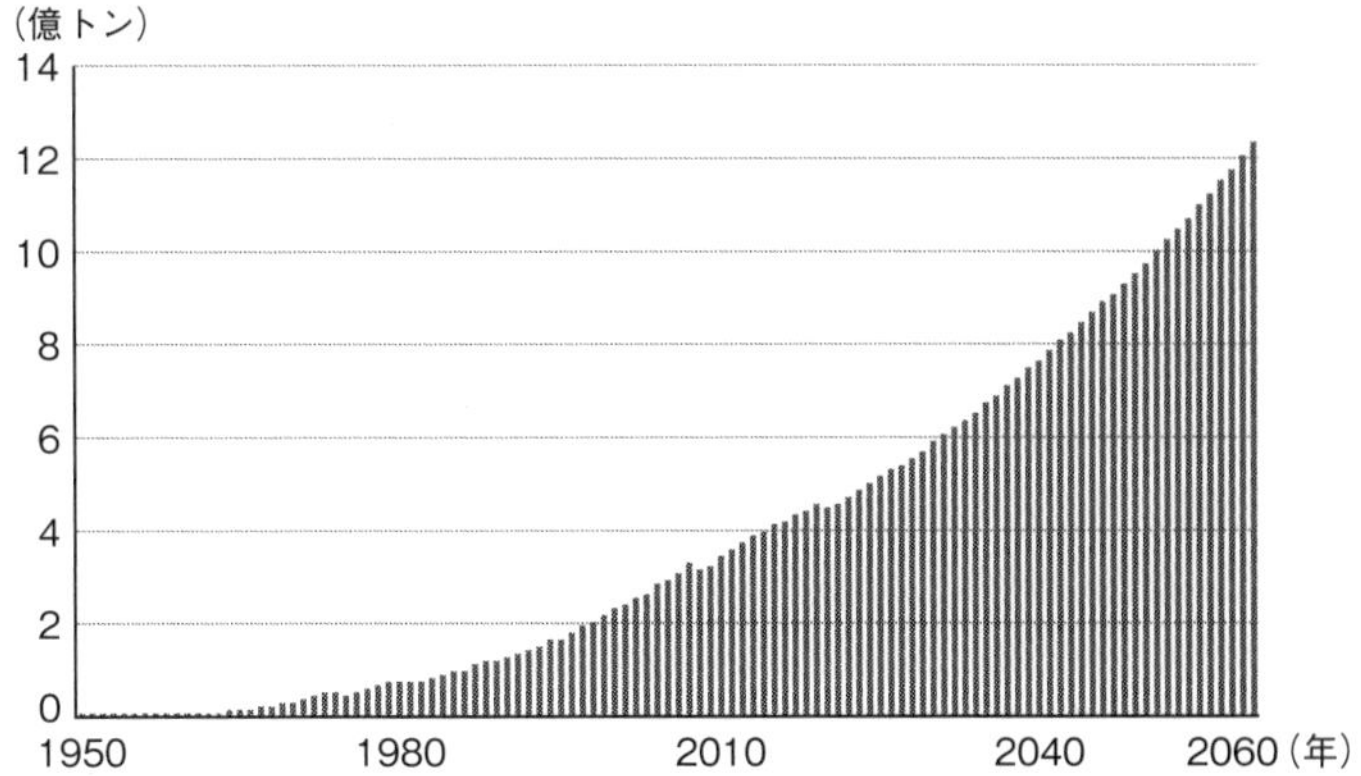

出所）OECD

プラスチックにはポリエチレンやポリプロピレン、アクリル樹脂など様々な種類がある。軽くて長持ちする上、いろいろな形に加工しやすい。電気や熱を通しにくく、薬品に強いといった利点がある。なにより大量生産が可能で値段を下げられることが、ここまで普及した理由だ。だが分解されにくいのがデメリットでもあり、これが自然環境の破壊につながっていると問題視されている。石油からつくられているため、燃やすとCO_2が出る。さらに関心を集めているのが海洋汚染だ。プラスチックは時間の経過とともに小さくなり、5ミリメートル以下の「マイクロプラスチック」になる。

　EUによると、海洋ごみの7〜8割はプラスチックだ。マイクロプラスチックが海に流れ込み、生物がプラスチックを摂取すれば生態系が脅かされる。プラスチックには有害な物質が入っており、プラスチックを食べた魚介類が人間の食卓に並べば、健康被害につながるリスクもある。

交渉は始まったばかりで具体的な内容はこれからだ。24年までの交渉完了をめざすが、難航も予想される。生産量を制限するような厳しい規制を導入するのか、あるいはもっと緩い目標を共有するのにとどまるのか、または企業の責任をどう位置づけるかなど、原料の採掘から廃棄まで見渡すと論点は多い。だが交渉の開始で合意したこと自体が国や人々の意識が変わりつつあることを映しているといえる。ＥＵはもちろん、米国から中国、サウジアラビアまでが一定の規制の必要性を認めたのだ。地球は危機に瀕しており、行動しなければならないという意志は着実に根付いている。

とはいえ、プラスチックは生活で広く使われているだけに、規制が効果を上げるには、一人ひとりの行動が気候変動対策と同様に重要になる。例えば、欧州ではプラスチックのストローを見ることはほとんどない。ＥＵは18年にプラスチック戦略をまとめ、21年7月にはストローや皿といったプラスチック製の食器などを店舗で販売することを禁じた。ベルギーのスーパーではほとんどの人が買い物袋を持参している。日本からの欧州への出張者が「欧州は瓶に入っている飲み物が多くて重い」と嘆いていた。欧州にはペットボトルはなお残っているが、瓶の飲み物も多いのも確かだ。

プラスチック規制に関しては、世界的にも多くの人々が受け入れていると言えるだろう。欧州では、英国やオランダなどが15年以降に相次ぎレジ袋を有料化したり使用禁止したりした。EUでは、21年からはリサイクルされないプラスチック包装廃棄物への課税が始まった。1キログラムあたり0・8ユーロが課税され、加盟国が徴収してEUの財源になる。EUでは25年までにペットボトルの77%を分別収集し、29年までに90%に増やしたり、30年からはペットボトルの30%に再生材を利用したりするのを義務付ける規制が施行されている。

スペインは再利用できないプラスチック事業者や輸入者に対してプラスチック1キログラムあたり0・45ユーロを徴収する独自策の導入を決めた。対象はフィルムやトレイ、テープ、ソース容器などが含まれ、EUの規制よりも幅広い。英国でも22年4月からプラスチックの包装材で、リサイクル率が30%未満ならば1トンあたり200ポンドが課される制度が始まった。

日本でも20年7月からレジ袋は有料化された。反発は大きかったものの、コンビニやスーパーで8割が受け取りを辞退するなど一定の効果があった。22年4月には「プラスチック資源循環促進法」が施行され、事業者に削減計画を立てて使用量を減らすよう義務付けられた。EUの取り組みに似ており、プラスチック製の食器の使用を減らし、木などの代替素材への転換といった対応を促す。削減目標の設定は各事業者に委ねているが、有料化を怠ったり、増えたりした場合などには50万円以下の罰金が科されることがある。

先進国だけではなく、中国やインドといった新興国でもプラスチック規制は拡大しており、世界の潮流と言える。目的はプラスチックの生産・利用を減らし、循環経済への移行をめざすことだ。あるEU高官は「プラスチックは大量生産や大量消費の象徴で、脱プラの取り組みがリニアエコノミー(直線経済)から循環経済への移行の大きな挑戦になる」と話す。需要を減らすことに加え、製品をより長く使い、再利用やリサイクルを推進すれば、持続可能な社会の実現につながる。

2 使い捨てから再利用の社会に

ファストファッションは「時代遅れ」

ブリュッセルの住宅街を歩いていると、住宅の入り口付近に「A donner」という文字とともに、コーヒーカップや本、靴などが置かれているのをよく見かける。これはもう使わなくなった品物を、興味がある人に自由に持っていってもらってよい、という意味がある。

子供のおもちゃや部屋の装飾品などもあり、筆者が住んでいた地区では朝に出勤して夕方に帰るころにはほとんどなくなっていた。洋服には、別途回収ボックスがあちこちに設置されている。ベルギーの慈善団体が古くから手掛けていて、洗濯した上でこのボックスに入れておくと、安価で売られたり、貧しい人たちに配布されたりする仕組みだ。

古道具や古着を売るのみの市も規模の大小を問わず、至る所で開かれ、週末はにぎわいを見せている。高価なアンティーク調度品などの掘り出し物もあるが、大抵は数ユーロから数十ユーロの中古品だ。欧州には使い古されていても、実用的ならば長く使う文化がある。

欧州には再利用の習慣が根付いている（ブリュッセル）

一方、ちょっとした街中に出れば、目に入るのがＺＡＲＡやＨ＆Ｍといった洋服店だ。パリやロンドンなど大都市だけでなく、中小規模の都市でも店舗はある。ＺＡＲＡはスペインのインディテックスが手掛け、Ｈ＆Ｍはスウエーデンのヘネス・アンド・マウリッツが運営する世界最大級のアパレル企業だ。最新の流行を取り入れながら、短いサイクルで大量に生産し、低価格で販売することから「ファストファッション」の代表例とされる。最近は欧州でもファーストリテイリングのユニクロの店舗が増えてきた。

不用品の寄付やのみの市と、ファストファッションは対極にある考え方だが、EUはファストファッションの拡大を問題視している。急速に変わる消費者の好みに合わせ、使い捨て同然の衣類をつくるため、低コストの素材と労働力に頼るメーカーに支えられている。

「ファストファッションは廃れる」。EUの欧州委員会は22年3月、こんな強い調子で業界を持続可能な形にするための対策を発表した[4]。アパレルメーカーには製品のデザインをより長く着られるようにした上で、修理やリサイクルしやすくするよう求めた。EUは繊維製品に限らず、消費者の「修理する権利」を認め、1つの製品をより長期間使えるよう企業に求めている。

さらに服などをつくる際にリサイクル材を一定の比率で使うよう促す。売れ残ったり、返品されたりした製品は条件付きで廃棄を禁止するか、廃棄量を公表するなどを定めている。

EUのシンケビチュウス欧州委員は「30年までにEUの市場に出される製品は、長寿命でリサイクル可能で、再生繊維を大量に使用したものであるべきだ」と訴えた。欧州委は24年の施行をめざしており、現在は欧州議会と理事会で議論が続いている。

プラスチックのおもちゃや洋服、ゲームソフトをつくるにもエネルギーを消費する。つまりCO_2が排出される。それゆえ50年にＥＵ域内の温暖化ガスの排出を実質ゼロにするには、モノをつくる量を抑えていかなければならない。

繊維製品は食品、住宅、輸送に次いで環境に負荷をかけているという。水や土地を多く使ったり、大量の原材料を消費して多くのCO_2を出したりするからだ。ポリエステルやアクリルなど合成繊維からつくられた商品は、海洋汚染の原因となっているマイクロプラスチックが出る。海洋汚染に歯止めをかけるには、大量生産をやめなければならない。

これは環境対策だけではなく、社会的な問題もある。繊維生産の中心であるアジアやアフリカなどの発展途上国では、劣悪とされる労働条件で生産されているとの批判がつきまとう。児童労働で問題になることも少なくない。ＥＵは対策の実行で、欧州外の人権の改善にもつながるとみる。

増え続ける繊維製品

ファストファッションの流行は、消費者が数回着て別の新しい服を買うというスタイルを求めていたという面はある。だが空気は変わりつつある。コンサルティング大手のマッキンゼーが20年に公表した調査によると、新型コロナウイルスの感染拡大をきっかけに、欧州の消費者の65％はより耐久性のある商品を買うようになり、71％がすでに持っている製品を長く使う予定だと答えた。さらに57％が製品を長く使うために補修することを望んでいる[5]。

調査は「消費者がより持続可能性を重視し始めた」と分析している。もちろん、新型コロナで景気の先行きを不安視した消費者が財布のひもを締めた要因はあるだろう。しかし、ロシアのウクライナ侵攻もあり、今後の不透明感は当面は払拭されない。時間とともに、ファッションに関する「長持ち志向」が消費者に根付いていく可能性が高い。

アパレルメーカーは時代の変化に対応しつつある。ＺＡＲＡは22年から英国で、消費者が購入した衣料品を転売したり、修理したり、寄付できたりする新サービスを始めた。Ｈ＆Ｍは25年までにリサイクル素材を30％に引き上げる目標を掲げた上で、40年に排出を実質ゼロにすると宣言した。ファーストリテイリングはサプライチェーン（供給網）の全段階を管理するためのシステムを導入した。高級ブランドでもＬＶＭＨモエヘネシー・ルイヴィトン（ＬＶＭＨ）のルイ・ヴィトンなどは受注生産を増やしている。受注生産ならば、つくった商品が無駄になることはない。リーボックでは投票でデザインを決める取り組みが始まっている。

マッキンゼーによると、欧州では1人あたり年間15kg以上の繊維製品が捨てられている。同社の分析ではうち7割を繊維から再度繊維にするリサイクルが可能で、残りの3割は燃やすことで熱を生み出すなどの手法で活用する。実現すれば、CO_2の排出は400万トン減り、1万5000人の新規雇用が創出される可能性があるという[6]。

もっともリサイクル技術は、繊維の構造や組成に厳しい条件があるほか、ボタンやファスナーをあらかじめ取り外す必要があるため、簡単ではない。マッキンゼーは60億～70億ユーロの投資をして、リサイクル率を向上させるよう提言する。

さらに低い回収率も課題だ。足元では30～35%で、多くは欧州外に輸出されるが、EUは繊維を含む廃棄物の域外輸出を規制する法案を準備している。域外国の環境に悪影響を及ぼすのを避けるためだ。途上国（経済協力開発機構＝OECD＝非加盟国）向けには、相手国でリサイクルが実施されるなど証明された場合などに輸出を認めるようにする。抜け道をなくし、繊維関連の資源の無駄遣いを徹底して減らすEUの意思の表れだ。

過剰包装も禁止

EUは包装や梱包にもメスを入れる。過剰な包装は見栄えは良いが、紙など多くの資源を使うため、循環型の社会にはそぐわない。実は足元では包装材の消費は増加していて、過去10年間で20％増えた。リサイクル率を上回るため、包装関連のごみの排出は純増していることになる。具体的にはＥＵ内では一人につき年間１７７キログラムの包装関連の廃棄物が出る。ＥＵのプラスチックの４割、紙の５割は包装や梱包に使われるという。

欧州委は何も手を打たなければ、30年までに19％、プラスチック包装廃棄物については46％増えると警戒する。とりわけ使い捨ての包装や梱包が廃棄物の量を押し上げている。

欧州委員会が22年11月に公表した規制案の柱は、１人あたりの廃棄物を加盟国に18年比で30年に５％、35年に10％、そして40年に15％減らすよう義務付けることだ[７]。

まず再利用を推進するため、ペットボトルやアルミ缶を対象にした回収システムをつくったり、ほとんどの包装廃棄物を分別して回収する制度をつくったりする。レストラン内で消費される飲食の使い切りの包装や、野菜や果物の使い捨て包装、ホテルなどで提供されるシャンプーのミニボトルといった形式は禁止される。新しいプラスチック包装には一定の割合で再生材を含めることを義務付ける。

企業は持ち帰りの飲食や通信販売の配送で、一定割合を再利用可能な包装で提供する必要がある。例えば、飲料では30年までに20％、40年に80％の飲料が再利用可能な容器で販売されなければならない。通信販売では30年に10％、40年に50％を再利用可能な包装にするといった具合だ。対象となりそうな米アマゾン・ドット・コムはすでに対応に乗り出している。

欧州委によると、この法律が施行されれば、温暖化ガスの排出量は30年までに施行されない場合と比べて２３００万トン少ない４３００万トンに減るほか、コストも64億ユーロ削減される。雇用も60万人規模で創出されるという。

原材料や再利用に関する情報を含むラベルとＱＲコードを原則として包装材に表示することも求めるなど厳しい内容が含まれ、企業への負担は増す。関連する団体は、欧州委案について規制の必要性に一定の理解を示しながらも、利用者の利便性が著しく落ちるといった声や、設備投資が大きな負担になるなどの不満も漏れた。

3　資源発掘から廃棄まで　ＥＶ時代に備え

バッテリーの大量利用時代を見据え

30年、ＥＵの道路には少なくとも３０００万台のＥＶが走っている予定だ。19年のざっと17倍で、30年時点でＥＵにある乗用車の15％程度がＥＶなどに置き換わっていることになる。

そんな戦略の実現に向け、ＥＵは電池（バッテリー）工場の建設を支援したり、ＥＶの優遇策を講じたりと力を注いでいる。

ＥＵによると、デジタル経済の進展で世界の電池需要は30年に14倍になると予測されている。ＥＶだけではない。スマートフォン（スマホ）にも、ノートパソコンにも、ありとあらゆる電子機器には電池が必要で、温暖化ガスをゼロにする上で欠かせない。ＥＶに加え、再生可能エネルギーの発電量が多いときには蓄電池として使い、少ないときに電力系統に流すこともできる[8]。

大量のバッテリーが使われると、対処しなければならない問題は何か。環境への負荷を高めることになりかねない使用済みバッテリーの処分だ。貴重なレアメタル（希少金属）やレアアース（希土類）が必要なため、原材料を採掘しなければならない。電池の生産自体でもCO_2が排出される。そして電池の廃棄物問題がある。

そこで22年12月、ＥＵの主要３機関がバッテリー全般の規制で合意した[9]。材料の調達からリサイクル、再利用まで電池のライフサイクル全体を持続可能にすることが狙いで、リサイクルを確実にして、材料の再利用などを進める。

電池は大きく５つに分類される。ＥＶ用と電動バイクなどに使われる軽輸送用、産業用電池は原則として生産などで排出されたCO_2の量「カーボンフットプリント」を表示しなければならない。さらに企業は原材料の調達や加工の過程で、デューデリジェンス義務を設け、環境破壊や人権侵害が起きていないかどうかを確認する義務を負う。電池の原材料はアフリカや中南米などで多く採取されるため、森林破壊や強制労働が起きていないか目を光らせる。

一方、原材料を再利用するための電池の回収目標も設けた。スマホなどの携帯用電池は27年までに63％、30年に73％とするほか、軽輸送用電池は28年に51％、31年に61％とした。回収された電池で使われていたコバルトや鉛、リチウム、ニッケルは取り出して、新しい電池に一定の水準以上で使うことを義務付ける。加えて、スマホや家電製品の電池は消費者が簡単に取り外したり、交換したりできるように設計するよう企業に求める。一つの製品を長く使えるようにして、廃棄物の排出減につなげる。

ＥＵ市場で売るには、ＥＵ外の企業もこのルールを守らなければならない。ブルトン欧州委員（域内市場担当）は「ＥＵ市場で売られる電池は、第三国で生産されていたとしても、持続可能で安全であることを保証する」と説明する。ＥＶ電池では、中国のシェアが大きく、それに日韓が続くなど欧州は後じんを拝している。ＥＶ先進地域であるＥＵのルールを世界基準にすることで、ＥＵ企業に有利な環境を整えるとともに、中国などとの差を詰めたい思いがにじむ。

希少金属の争奪戦

電池をつくるには、貴重な材料を多く使う。産出量が少なかったり、抽出が難しかったりする材料を希少金属（レアメタル）と呼ぶ。その一部には、希土類（レアアース）がある。例えば、レアメタルの一種であるリチウムやコバルトは電池に欠かせない材料で、チタンは航空機部品などに使われる。レアアースではネオジムやジスプロシウムはＥＶなどのモーターに利用され、セリウムは液晶画面に活用される。

米地質調査所（ＵＳＧＳ）によると、リチウムの生産はオーストラリアや中南米、中国で98％を占め、コバルトはコンゴ民主共和国に7割が集中する。レアアースでは中国が6割程度を占める。世界の一部の地域に偏っている上に、政情が不安定な国もある。例えば、コンゴでは児童労働や強制労働などの問題が度々取り沙汰される。人権や民主主義を重視するＥＵや先進国としては、子供や労働者の権利をないがしろにはできない。

一方で、前述したとおり、電池の需要は増えるばかりだ。ＩＥＡは21年の報告書でリチウムやコバルトを含む重要鉱物の需要が40年に20年の6倍になると予測した[10]。今の供給体制や投資計画では、供給不足になる恐れがある。米調査会社のブルームバーグＮＥＦ

図表9-2　重要資源は一部の国に集中する（2021年）　単位：トン

リチウム		コバルト		レアアース	
オーストラリア	55000	コンゴ民主共和国	120000	中国	168000
チリ	26000	ロシア	7600	米国	43000
中国	14000	オーストラリア	5600	ミャンマー	26000
アルゼンチン	6200	フィリピン	4500	オーストラリア	22000

出所）米地質調査所

（ＢＮＥＦ）が22年12月に公表した調査によると、リチウムやコバルトなどの値上がりで電池パックの価格は１キロワット時あたり１５１ドルに上昇した。１年前から７％の上昇で、値上がりは初めてという。23年には１５２ドルで高止まりするとみる[11]。

１００ドルを切ると、ガソリン車並の価格競争力をＥＶが持つようになると言われ、ＢＮＥＦは同価格に下がる時期を26年として従来予想から２年遅らせた。補助金などのない地域では、自動車メーカーのＥＶ生産・販売にマイナスの影響を与えると分析する。

世界が今世紀半ばに温暖化ガス排出の実質ゼロになるグリーン社会を視野に、限りある希少金属を奪い合う状態になっている。需要増が引き起こす状況に対応するには、資源を確保し、使う資源を節約するのが王道だ。ＥＵの欧州委員会は50年時点でリチウムの域内需要が現在の60倍、コバルトは15倍に増えると予測する。ＥＵはまず域内での鉱床の開発の検討に着手した。リチウムはポルトガル、コバルトはポーランドなどに埋蔵する。その上で資源の再利用に力を入れるのだ。

もちろんコストや技術の課題もある。アフリカなどよりも欧州で資源を採掘するのは、環境規制が厳しく人件費も高いためコストは膨らむ。資源の再利用も、廃棄された機器から回収し、再び使う技術を確立するために一定の投資が必要だ。

いずれもエネルギー安全保障の改善に役立つ。欧州委のシェフチョビッチ副委員長は「域外への高い依存度を下げ、多様化を進める」と意義を説く。新型コロナウイルスの感染拡大やロシアのウクライナ侵攻で、供給網（サプライチェーン）の寸断に加え、多くの国は輸出制限で重要な原材料・製品を自国で囲い込んだ。これを教訓として、EUは重要な材料や製品を他国にできるだけ依存せずに「戦略的自立」に動いている。資源の循環利用はEUを支える大きな柱の一つなのだ。

対GAFAの視点と欧州チャンピオン企業の誕生後押し

EUがバッテリー規制で合意した6カ月前、EUはスマートフォンやノートパソコンの充電機器の規格を統一することで合意した。EU内で24年までに発売される電子機器について、充電機器の端子を「USBタイプC」とするよう義務付けられる。対象となるのは、スマホなど携帯電話のほか、タブレットやデジタルカメラ、ゲーム機、キーボードなど幅広い電子機器だ。ノートパソコンは26年から適用される。

規制はＥＵ内で効力があるが、日本を含む他の地域でも標準となる可能性がある。実際、インド政府も22年11月にＥＵの規制内容をほぼ踏襲した内容で合意した[12]。

２つの規制で、戦略の修正を迫られる企業がある。米アップルだ。アップルはいずれの規制にも慎重な姿勢を示し続けていた。ＵＳＢタイプＣへの変更や、スマホの電池交換を簡単にする規制は、設計やサプライチェーンの見直しを迫られる公算が大きい。アップルは21年９月、欧州委員会が充電規格統一を義務付ける法案を公表した際、「１種類のコネクターだけを義務付ける規制は技術革新を阻害し、欧州や世界の消費者に悪影響を及ぼすと懸念する」と声明で主張していた。

EUのUSBタイプCへの統一方針はアップルに対応を迫る

確かに２つ以上の規格に競わせた方がより革新的な技術やサービスが生まれる可能性は高い。アップルは長年、スマホ「ｉＰｈｏｎｅ」に「ライトニング」と呼ぶ独自の規格を使っている。だがアップルの不満をよそにＥＵは充電器の統一にひた走った。

充電規格をめぐるＥＵとスマホメーカーの駆け引きには10年超に及ぶ歴史がある。09年以降、欧州委は業界による自主的な取り組みを促したことで30種類あった充電器の規格を3種類にまで減らしたが、規格統一には至らなかった

ここにきて統一に踏み切ったのはなぜなのか。ひとつは消費者の利便性の向上だ。スマホのみならず、パソコンはもちろん、スマートウオッチやイヤホンなど携帯型の電子機器は増え続けている。規格が複数あれば、消費者はいくつかの充電器を持ち歩かねばならない。場合によっては、新たに充電器を購入するケースもあり、持ち運ぶかばんのスペースを圧迫されるのにうんざりした消費者も少なくないだろう。一つの充電機器で多くの機器を充電できれば、コストも時間も節約できる。欧州委によると、規制の導入で年間2億5千万ユーロ節約することにつながるという。

もう1つは廃棄物の削減だ。多くの充電器を持てば、無駄な生産が増える上、廃棄物も増える。欧州委充電器の生産と廃棄が減ることで、年約1000トンの電子機器の廃棄物が削減できるとみる。

そして最後に考えられるのが、ＥＵと米巨大ＩＴ（情報技術）企業の対立だ。環境問題か

ら話題はそれるが、ＥＵはグーグルを傘下に持つアルファベットやメタ（旧フェイスブック）、アマゾン・ドット・コムなどと競争法（独占禁止法）違反で巨額の制裁金を科すなど対決姿勢を強めている。欧州委は決して口にしないが、背後には米巨大ＩＴ企業が欧州市場で莫大な利益を上げていることへの不満がある。同時に欧州発のＧＡＦＡに匹敵する企業を生み出したいという野望がある。日本とも共通するが、欧州には近年、一般生活を一変させるような技術やサービスを生み出した企業はほとんどない。

欧州委が法案を発表した21年9月、ベステアー上級副委員長は声明で「環境とデジタル分野における野心的な目標に沿ったものだ」と力説した。規格策定を通じて、先端技術分野における影響力を取り戻す意気込みを示した。ＥＵのみならず、仏独など加盟国も、米企業を抑え込み、世界に名だたる欧州のチャンピオン企業の誕生を後押しする考えだ。

COLUMN

環境関連条約、相次ぐ改正　高まる意識の表れか

プラスチック条約は正式名称もまだなく、これからつくられる国際条約だが、近年には既存の環境関連の取り決めが一段と強化される動きが相次いでいる。これは国や市民の意識が変わりつつあることを映しているともいえる。

22年12月、カナダのモントリオールで開かれていた生物多様性条約第15回締約国会議は、地球上の陸と海をそれぞれ30%以上保全する「30 by 30」の目標で合意した。生物の保全に30年までに官民で年2000億ドルを投じることで一致したほか、先進国企業が途上国に生息する生物の遺伝情報を産業に応用した場合は利益を配分する仕組みを設けることを確認した。

生物多様性条約は1992年に気候変動枠組み条約とともに採択された。人類の経済活動の拡大は野生生物の絶滅や生物種の大幅に減少が問題になる一方、人類は生物を利用することで食品や医薬品などで恩恵を受けてきた。条約は生物の多様性を保全

し、それを持続的に利用できるようにするのが目的だ。世界経済フォーラム（WEF）によると、世界の国内総生産（GDP）の約半分にあたる44兆ドルが自然資本に依存している。10年には20年までの「愛知目標」がまとめられ、モントリオールで合意したのが30年までの新目標だ。愛知目標は未達の分野が多かったが、さらに目標を強化した。

19年にはオゾン層保護を目的とする「モントリオール議定書」に基づくキガリ改正が発効した。エアコンや冷蔵庫の冷媒に使われる代替フロンの生産量の段階的な削減する内容で、日米欧などの先進国は36年までに、地球温暖化への影響が大きい代替フロンの生産量を85％削減する。中国などは45年に80％、インドや産油国などは47年に85％それぞれ減らす。問題になっているのは代替フロンのハイドロフルオロカーボン（HFC）。HFCはオゾン層を破壊しないが、CO^2の数百～1万倍の温室効果がある。

有害廃棄物の国境を越えた移動を制限する「バーゼル条約」では、21年から汚れた廃プラスチックを新たな対象に加えた。海洋汚染など環境破壊の深刻になり、海外輸出を規制する。

参照文献

1 Consumer Federation of America.（日付不明）. 12 Ways To Save Energy And Money.
参照先: https://americasaves.org/resource-center/insights/12-ways-to-save-energy-and-money/

2 International Energy Agency.（2022年7月13日）. Empowering people to act: How awareness and behaviour campaigns can enable citizens to save energy during and beyond today's energy crisis.
参照先: https://www.iea.org/commentaries/empowering-people-to-act-how-awareness-and-behaviour-campaigns-can-enable-citizens-to-save-energy-during-and-beyond-today-s-energy-crisis

3 UN Environment Programme.（2022年3月2日）. What you need to know about the plastic pollution resolution.
参照先: https://www.unep.org/news-and-stories/story/what-you-need-know-about-plastic-pollution-resolution

4 European Commission.（2022年3月30日）. EU Strategy for Sustainable and Circular Textiles.
参照先: https://eur-lex.europa.eu/legal-content/EN/TXT/?uri=CELEX%3A52022DC0141

5 Mckinsey & Company.（2020年7月17日）. Survey: Consumer sentiment on sustainability in fashion.
参照先: EU Strategy for Sustainable and Circular Textiles

6 Mckinsey & Company.（2022年7月14日）. Scaling textile recycling in Europe—turning waste into value.
参照先: https://www.mckinsey.com/industries/retail/our-insights/scaling-textile-recycling-in-europe-turning-waste-into-value

7 European Commission.（2022年11月30日）European Green Deal: Putting an end to wasteful packaging, boosting reuse and recycling.
参照先: https://ec.europa.eu/commission/presscorner/detail/en/ip_22_7155

8 European Parliament.（2022年12月12日）. New EU rules for more sustainable and ethical batteries.

参照先: https://www.europarl.europa.eu/news/en/headlines/economy/20220228STO24218/new-eu-rules-for-more-sustainable-and-ethical-batteries

9 Council of the European Union.（2022年12月9日）. Council and Parliament strike provisional deal to create a sustainable life cycle for batteries.
参照先: https://www.consilium.europa.eu/en/press/press-releases/2022/12/09/council-and-parliament-strike-provisional-deal-to-create-a-sustainable-life-cycle-for-batteries/

10 International Energy Agency.（2021年5月）. The Role of Critical Minerals in Clean Energy Transitions.
参照先: https://www.iea.org/reports/the-role-of-critical-minerals-in-clean-energy-transitions

11 Bloomberg NEF.（2022年12月6日）. Lithium-ion Battery Pack Prices Rise for First Time to an Average of $151/kWh.
参照先: https://about.bnef.com/blog/lithium-ion-battery-pack-prices-rise-for-first-time-to-an-average-of-151-kwh/

12 Ministry of Consumer Affairs, Food & Public Distribution of India.（2022年11月16日）. Central Inter-Ministerial Task Force examining uniformity in charging ports of electronic devices meets, forms sub-group for uniformity of charging port for wearables like ear-buds and smart watches
参照先: https://pib.gov.in/PressReleasePage.aspx?PRID=1876583

終章

世界と日本の針路

温暖化は一段と進み、地球の気候は不安定さを増している。異常気象の頻発は政治、経済、安全保障を揺るがす。米中対立やロシアのウクライナ侵攻など、世界は分断が深まっている。英誌エコノミストの調査部門ＥＩＵによると、ロシアの侵攻を非難したり、制裁を科したりしている国々は、世界の人口のざっと3分の1だ[1]。ほかの3分の1は、インドやブラジル、南アフリカのような中立を保つ国々だ。残りの3分の1はロシアの主張を理解するか、支持する中国やイランだ。侵攻から間もないころの分析なので現状を映す数値は変わっている可能性があるが、いわゆる西側陣営の3分の1に大きな変化はないだろう。

日本は２０２３年、西側諸国のクラブと言える主要7カ国（Ｇ7）の議長国を務める。分断を放置すれば、世界はますます不安定になるのは確実で、いかに状況の好転への糸口を示せるかが問われる。それは「環境」がキーワードになるかもしれない。この章では世界と日本の針路を展望する。

1　進む温暖化と深まる世界の分断

悪化する地球環境

23年1月、欧州屈指のスキーリゾートのアルプス。「年々雪が少なくなっている。今季は特にひどい」。雪不足で茶色い山肌が見える斜面を前に、スキー場の担当者が嘆くのを多くのメディアが流していた。スイスのすべての545のスキー場を調査した独ドルトムント工科大のクリストフ・シュック教授はスイスメディアのインタビューでショッキングな結論を明かした。スキー場の経営は「中期的に営業を停止するか、人工雪に投資するかのどちらかだろう」[2]。欧州連合（EU）のコペルニクス気候変動サービス（C3S）によると、22年は観測以来過去5番目に暖かい年だった[3]。

とりわけ欧州の22年は史上2番目の暖かさだった。フランス、スペイン、イタリア、英国、そしてスイスは過去最高だった。極端な乾燥や雨不足から南部などで干ばつが起き、フランスとスペインでは大規模な森林火災が発生し、アルプスは雪不足に見舞われた。C3Sで大気の監視を担当するプシュ・ディレクターは「大気中の温暖化ガス濃度の上昇の勢いが弱まる気配がないことは明らかだ」と、今後も気温上昇が続くとみる。

世界全体を見ても、その傾向は同様だ。過去8年間の平均気温は1991〜2020年の平均を0・3度上回り、産業革命期の1850〜1900年に比べて約1・2度高かったとの分析を示した。大気中の二酸化炭素（CO_2）の濃度は200万年以上ぶり、強い温室効果を持つメタンは80万年以上ぶりの高い水準になっている。

地球温暖化防止の国際枠組み「パリ協定」は産業革命前からの気温上昇を2度未満に抑え、できれば1・5度以内にすることをめざす。最近の国連気候変動枠組み条約締約国会議（COP）を経て、国際社会は1・5度以内をめざす方針を共有している。気候変動に関する政府間パネル（IPCC）は1・5度を超えれば、異常気象などのリスクが劇的に高まると指摘する。しかし実態は1・5度の上限に近づきつつあることがデータで示された。国連環境計画（UNEP）は現状のままでは今世紀末に気温の上昇幅が2・4〜2・6度になる可能性が高いとみる。IPCCによると、1・5度以内の抑制に世界が排出できる温暖化ガスはCO_2換算で残り4200億トンだ。そのIPCCは23年3月、30年代初頭に1・5度に達する可能性があると指摘した[4]。

「プラネタリー・バウンダリー」という概念がある。環境学者ヨハン・ロックストローム氏らが09年にまとめた概念で、日本語にすると「地球の限界」と訳せる[5]。「気候変動」「生物圏の一体性」「土地システムの変化」「新規化学物質」など9つの要素で、人間が安全に活動できる範囲にとどまれば人類は繁栄でき、境界を越えれば取り返しのつかない変化が引き起こされるというものだ。最新の評価では、生物圏の一体性や新規化学物質などでは安全な領域を超え、気候変動はリスクが高まっている不安定な領域にあるとしている[6]。人類が地球環境に大きな影響を与えたことで「人新世」（Anthropocene）という言葉も生まれた。オランダの科学者パウル・クルッツェンらが、1万1700年前に始まった完新世が終わり、新たな時代である人新世に入ったと提唱した[7]。人新世の始まりは人口が増え続け、工業化が広がった20世紀半ばとの見方が有力で、人類は大量の水資源を利用し、多くの化学物質を使い、化石燃料を消費した。その結果、種の絶滅に拍車をかけたり、CO_2の排出増で温暖化を引き起こしたり、地球環境を大きく変えた。

温暖化のリスクは着実に大きくなっている。世界で相次ぐ異常気象のみならず、日本の夏の異常な暑さを経験すれば、地球が悪い方向に変化しているのを肌感覚で感じられるだろう。国際社会が京都議定書やパリ協定をまとめても、温暖化ガスの世界の排出量は金融危機や新型コロナウイルス禍といった例外を除けば、増え続けてきた。この先も悪化するのか、歯止めをかけられるかは、我々世代の行動にかかっている。

分断がもたらすリスク

「第3次世界大戦」「新冷戦」――。ロシアのウクライナ侵攻を機にメディアにはそんな見出しが躍るようになった。確かにウクライナ侵攻ではロシアと欧米の対立は決定的になり、現代でも本格的な戦争が起こることを我々は目の当たりにし、安全保障、ひいては人命という基本的な権利を脅かす事態が起きうるリスクを身をもって感じた。新型コロナウイルス禍では中国などとの供給網（サプライチェーン）への不安が浮かび上がった。

だがその前から世界の分断は進んでいた。トランプ前米大統領は国際収支の不均衡や雇用の流出に不満を持ち、中国を厳しく批判し、保護主義的な政策に突き進んだ。一方の中国も広域経済圏構想「一帯一路」を掲げ、世界の幅広い国々への支援を打ち出し、アジアインフラ投資銀行（ＡＩＩＢ）を設立した。今では一帯一路関連事業に１５０以上の国が参加する[8]。世界は米国を中心とする秩序、中国を中心とする秩序、そしてそれ以外のいずれにも加わらない国々に分かれつつある。

一進一退を繰り返しながら深まってきたグローバリゼーションは貿易額を膨らませ、世界に成長をもたらしてきた。世界銀行によると、世界の貿易額はこの50年でざっと60倍と、国内総生産（ＧＤＰ）の約30倍を大きく上回るペースで膨らんだ。70年代に国をまたぐ資本の移動が加速したのがきっかけで、冷戦終結や中国の台頭、ＩＴ（情報技術）の進展で世界の結びつきは強まった。

分断が市民生活に痛みを与えるのは、今直面しているウクライナ侵攻を見ても明らかだろう。エネルギーと食料価格は急騰し、特に脆弱な国々への影響が大きい。

国際通貨基金（ＩＭＦ）によると、分断の経済的な損失は貿易分野だけで見ると、世界のＧＤＰの最大約７％にのぼり、日本とドイツの合計に匹敵する。これに技術分野を加えれば、一部の国は最大12％の損失を受ける可能性がある。貿易や資本の移動の制限、移住規制が一段と厳しくなれば、さらに影響は膨らむ[9]。

多くの国が内向きになり、グローバル化は後退に向かい、貿易や投資の障壁が増えている。輸入品は高価になり、輸出立国は大きな打撃を受けている。分断は政治、経済、安全にまでリスクを投げかける。

米欧間にもさざ波　グリーン保護主義

「欧州の産業が魅力的であり続けるには、ＥＵ域外で受けられるインセンティブに対して競争力を持つことだ」。ＥＵのフォンデアライエン欧州委員長は１月17日の世界経済フォーラム年次総会（ダボス会議）で踏み込んだ発言をした。念頭にあるのは、米国の歳出・歳入法（インフレ抑制法）にほかならない。

22年8月に成立した同法は、３６９０億ドルを水素やバッテリー、再生可能エネルギーなどへの補助金を含む気候変動分野に投じる景気刺激策だ。だがその中の電気自動車（ＥＶ）優遇策が米国などで組み立てた車に限定するなど、ＥＵ側は差別的な措置だと懸念を伝えた。欧州企業が生産拠点を北米に移しかねないからだ。米側は22年12月の閣僚級会合で「建設的に対処する」とＥＵ側の心配に答える姿勢を示したが、ＥＵはなお懐疑的だ。

この問題は大きく報道されたが、実はＥＵが危機感を強めた本質はＥＶ補助金の件ではなかった。１月上旬、ベルギーのデクロー首相は異例の米国批判を展開した。米国がベルギーやドイツの企業に電話をかけて、欧州でなく、米国に投資するよう「攻撃的なキャンペーンを展開している」と暴露したのだ。「これは警鐘を鳴らすべきことだ」。デクロー首相は訴えた。

「米国は本気だ」。ＥＵ高官は取材に答えた。共和党政権はもちろん、民主党政権でもこれほど巨額な支援は珍しい。民主導の米国だが、官も本気になれば「米国の技術水準が格段に高まり、投資が米国に集まってしまう」。

ＥＵは対抗策を検討している。30年の目標を定めた「ネット・ゼロ産業法」を策定し、クリーン技術への資金供給を増やし、生産拠点の許認可の迅速化をめざす構えだ。具体的に検討されているのは補助金の規制を緩和することだ。単一市場で公平性を維持するため、EUでは原則として加盟国による補助金は禁止されているが、例外扱いとする対象を広げるアイデアだ。水素や半導体はすでに補助金が認められているが、再生エネなどが新たに候補に挙がっている。

ただ、南欧や中・東欧などと、ドイツなどの経済大国では補助金を出せる体力に差があるのが現実だ。公的債務残高がGDP比で100%を超え、財政余力がほとんどない国もある。この問題を解消しようとするのが「欧州主権基金構想」だ。これは新型コロナ禍の復興基金と同様にEU規模で基金をつくる考え方だ。EUがどの加盟国のどの事業に補助金を出すかを最終的に承認するので、不公平感が生じにくい。

米国とEUは「貿易戦争をする気はない」と口をそろえ、グローバル化や自由貿易を尊重する姿勢は崩していない。だがダボス会議では補助金競争への懸念が相次いだ。各国が内向きになるリスクは世界の技術発展を阻害しかねない。欧州中央銀行（ECB）のラガルド総裁は「底辺への競争にならないことを強く望む」と述べ、かつてのボーイングとエアバスに米欧政府が補助金を出し続けた事態を繰り返さないよう求めた。

トランプ米前政権で極度に悪化した米欧関係は、バイデン大統領の就任で改善に向かった。ロシアのウクライナ侵攻で、その関係はさらに深まったかに見えた。だが実際には欧州の不信は根底には残っており、ウクライナ問題が亀裂に蓋をしていただけかもしれない。分断は西側諸国のなかにもある。

2　日本の針路と課題

G7議長国とウクライナのグリーン復興

23年1月9日、EUのティメルマンス上級副委員長（気候変動担当）はウクライナの首都キーウ（キエフ）でゼレンスキー大統領やシュミハリ首相らと向き合った。ティメルマンス氏がウクライナには太陽光、風力、水素などのエネルギーに大きな可能性があるとして「ウクライナはグリーンエネルギーのリーダーになるための必要なものを備えている」と切り出し、「EUはグリーン復興を全面的に支援したい」と語りかけた。

ウクライナは欧州東部に位置し、22年6月には将来のEU加盟に道を開く「加盟候補国」となった。実際の加盟には10年単位の時間がかかる見通しだが、EUはウクライナを「欧州の家族の一員」（フォンデアライエン欧州委員長）として接し始めている。軍事能力の乏しいEUは、難民の受け入れといった人道面の支援やウクライナからの穀物の輸送、ウクライナとの電力網に接続するなど非軍事面での存在感は大きい。

EUはすでに「侵攻後」を見据え、欧州委は「リビルド・ウクライナ」計画を公表済みだ[10]。ロシアとの戦いが終わったとき、ウクライナの復興は国際社会が向き合う一大事業となる。復興には人道面はもちろん、ロシアとの関係、地域の安全保障、巨額の投資機会など様々な思惑が絡むだろう。それゆえ、誰が再建を主導するのか、ウクライナの戦後像を描く上でポイントになる。

日本は23年、G7の議長国を務める。ロシアのウクライナ侵攻が主要議題になるのは疑いようがない。軍事支援では、米国を中心に英国やフランスなど北大西洋条約機構（NATO）加盟国が主導的な役割を果たした。復興が具体化するタイミングは侵攻がいつ終わるかにもよるが、ロシアがウクライナに侵攻してからすでに1年が過ぎた。G7議長国として、日本が米欧と協力しながらイニシアチブをとり、ウクライナ版の「マーシャル・プラン」をつくる機会でもある。マーシャル・プランは、第2次世界大戦で荒廃した欧州を復興するために、米国が主導した計画だ。

復興は、最低限の生活を営むための短期的な対応と、将来の成長のための中長期の基盤づくりに大きく分けられるだろう。様々な国際機関やシンクタンクの分析では、中長期的な対策として、インフラだけでなく、経済や政治、社会そのものを近代化することが欠かせない[11]。侵攻前は、ウクライナでは汚職などの腐敗が問題視されていた。

中長期支援のキーワードはグリーンとデジタルだろう。ウクライナにとっても脱炭素を実現し、クリーンなエネルギーで自立するのは、ロシアの影響力をそぐという点で死活的に重要だ。デジタル技術を使って効率的な社会を打ち立て、キーウなどにＩＴ（情報技術）やグリーン技術の一大拠点を築けば、世界に四散したウクライナ人が戻るきっかけになるかもしれない。ウクライナは特に水素製造に重点を置いており、日欧などへの輸出拠点になる可能性もある。

例えば、筆者は16年にチョルノービリ原子力発電所を事故後30年の機会に取材した際、キーウに立ち寄った。キーウの歴史を感じさせる美しい町並みは印象に残っている。キーウだけでなく、リゾート地の南部オデーサも人気があるが、西部のリビウ周辺はエコツーリズムで有名だった。国連世界観光機関によると、ウクライナへの訪問者は08年に２９００万人近くだったが、14年にロシアがクリミア半島を一方的に併合して１３００万人強に激減し、22年の侵攻で観光産業はほぼ壊滅した。

復興資金をどう確保するかも課題になる。ウクライナ政府からは７５００億ドルとの主張もあるが、侵攻が続いているなかで現実的な額を出すのは難しい。いずれにしても巨額の資金が必要だ。西側諸国はロシアへの制裁でロシア中央銀行が持つ外貨準備のうち３０

00億ドルを凍結した。差し止めたオリガルヒ（新興財閥）の資産も数兆円規模にのぼる。一部の国からは没収して再建費用にあてるべきだとの声は強いが、法的な問題もある。ロシアの資産をどう活用するか、知恵の絞りどころでもある。

途上国に巨額支援　先進国と距離縮める

22年12月14日、西側諸国とベトナムは同国の気候変動とエネルギーの目標を実現させるための支援策で合意した。支援額は3～5年で官民で155億ドルにのぼる。援助国の1つ、米国のバイデン大統領は声明で「ベトナムは長期的なエネルギー安全保障を実現する野心的なエネルギー移行でリーダーシップを示した」と持ち上げた[12]。

ベトナムは50年に温暖化ガスの排出を実質ゼロにする目標を掲げる。この目標実現のために、排出ピークを35年から30年に前倒しするほか、石炭火力の発電容量を現在の37ギガワットから30・2ギガワットに制限する。再生エネの発電量に占める割合を36％から30年までに47％に引き上げることなども盛り込んだ。

この支援の枠組みは「公正なエネルギー移行パートナーシップ」（JETP）と呼ぶ。ベトナムが3カ国目で、南アフリカ共和国、インドネシアとも同様の脱炭素に向けた支援で合意した。インドネシアとは同年11月の同国バリ島で開かれた20カ国・地域首脳会議（G20サミット）の傍らで合意した。先進国がインドネシアの脱石炭を支援する内容で、支援額は3〜5年で200億ドル規模になる。電力部門の二酸化炭素（CO_2）排出量を従来の想定より7年早い30年に頭打ちにさせるなどして、50年には実質ゼロにする。

援助側は多少の違いはあるが、G7を中心とする西側諸国だ。3カ国に続き、セネガルやナイジェリアなどのアフリカ各国や、インドなどアジア諸国と合意に向けて交渉が進む。いずれも発展途上で、石炭を中心とする化石燃料への依存度が高い国々だ。JETPの狙いは何なのか。大きく2つありそうだ。

1つは先進国が持つノウハウを途上国に移転して、温暖化防止の取り組みに弾みをつけることだ。地球の排出を実質ゼロにするには、途上国の排出をどう減らすかがカギを握る。政府同士で道筋を整えれば、民間企業も投資の意思決定が比較的容易になり、ビジネス機会が広がる。支援を受ける側からすれば、巨額の資金を得て、化石燃料から再生可能エネルギーに速いペースで転換できる上、地域が受ける影響も最小限に抑えられる。

だが援助対象国を個別に支援するのはなぜなのか。もちろん、国連交渉は合意に時間がかかるため、個別に議論すれば時間を節約でき、その国の状況を踏まえた支援がしやすい面もある。しかし、一部の途上国と先進国陣営の距離を縮めようとする狙いもあることは否定できない。国連交渉は途上国が一体となって行動することが多いが、個別での話し合いならば説得の余地はある。見方を変えれば、中国を筆頭とする国連交渉での途上国グループの結束を揺るがそうとしているのだ。すでに合意した南アとベトナムは50年の排出の実質ゼロをめざしている。60年の中国、70年のインドよりも早い。インドネシアは60年をめざしている。EU高官は匿名で取材にこう語った。「中国より温暖化対策に意欲的な国はたくさんある。我々はこうした国を支援していきたい」。世界により積極的な温暖化対策をもたらすのに加え、民主主義陣営が仲間を増やす意味で途上国への個別支援は意味がある。

のしかかる脱ロシア

G7として、ロシア産エネルギーからの脱却は大きな課題で、議長国の日本はその指導力を問われることになる。同じ西側諸国といっても、ロシアのエネルギーに頼らない米国・カナダと、日本・欧州の状況は大きく異なる。欧州は米国や中東・アフリカなどエネルギーの調達先を急いでいるが、日本の代替先は中東くらいで、原油の依存度は約95%に跳ね上がった。さらに日本と欧州も事情は同じではない。

日本の隣国にはロシアだけでなく、中国もいるため、日本が特に厳しい安全保障環境に置かれているのは確かだ。ロシアや中国の脅威が高まるなか、民主主義陣営の結束は欠かせない。とりわけ今回のG7サミットはアジアで開くため、安保上の環境をどう改善し、強化するかは主要な議題になる。エネルギー安全保障の向上が世界的な課題になるなか、再生エネを「自国産」と位置づけて普及を一段と加速させる仕組みをどう設けるかは、日本の知恵が問われそうだ。

議長国には中国やインドといった国々を含めた世界の新秩序をどう形作るか道筋を示す役割も求められる。分断を深めるのではなく、歯止めをかける一歩を踏み出せれば、議長国としての評価を高めるものになる。だがこうした国々を貿易や技術、安全保障など利害が対立する分野で納得させるのは難しい。歩み寄りが望めるのは、中国などにとっても関心事である地球規模の課題にほかならない。

22年を振り返ってみれば、世界各地で異常気象は確認された。1月にはオーストラリアで50度を超える気温が観測され、2月にはブラジルの集中豪雨で100人規模の死者が出た。東京都心では6月～7月に観測史上最長の9日連続で猛暑日を記録し、欧州では記録的な熱波から森林火災が広がった。パキスタンでは6月に全土の3分の1が水没する洪水被害に見舞われ、12月には米国とカナダを大寒波が襲った。そして23年1月には欧州の一部で、同月としての過去最高気温を更新した。

「環境」は世界の分断を踏み越える可能性があるテーマだ。これまでに何度も書いたように、中国やインドのいない温暖化対策は実効性を伴わないし、途上国側は先進国側の支援を欲している。双方にとって取り組まねばならない課題だ。日本は温暖化対策では、全体的に欧州に後れを取っているのが実態だが、イニシアチブをとれる分野もある。

「水素の分野で強力な技術革新者だ」。23年1月に公表された欧州特許庁（EPO）と国際エネルギー機関（IEA）の報告書は、次世代技術と期待される水素の特許で日本に強みがあると評価した[13]。11～20年までに2カ国・地域以上で出願された特許数を中心に分析したところ、EUが28%、日本が24%だった。国別では日本がトップだ。日本の特許数の伸びは欧州よりも大きく、日本企業の強みが改めて明らかになった。特に日本は自動車や鉄鋼など水素を使う分野ではトップになっている。

日本は排出の実質ゼロに欠かせない水素といった最先端技術の開発と普及を主導することはできる。水素は幅広い普及には道半ばの新技術で、製造から輸送、貯留、消費まで課題は多い。世界で速やかな普及に向けた工程表を描くことは可能だろう。

国際的なカーボンプライシングの導入を主導し、パリ協定の実現へ強い意志を示すのも一案だ。EUは環境規制の緩い国からの輸入品に事実上の関税を課す国境炭素調整措置（CBAM、国境炭素税）の導入を計画する。世界共通の炭素価格があれば、排出削減が加速する。環境関連のデータ整備が世界で進めば、EUの「タクソノミー」のように民間企業がより投資をしやすくなる。先進国と途上国の亀裂の修復に向けて、温暖化ガスの排出削減や温暖化被害への適応を支援する資金や技術支援の拡充も有力かもしれない。米欧によるクリーン技術への補助金競争で、ゼロサムゲームを避けて、企業が技術革新で競える環境を整えればすべての国に利益をもたらす。

日米欧や中国、インドは環境覇権を争っていると本書は記してきた。この競争は今後、一段と激しさを増すだろう。競争を通じて技術の革新や普及が進めば、地球規模で見れば温暖化防止にはプラスになる。温暖化の被害が収まれば社会の安定にもつながり、新ビジネスの誕生は経済成長に貢献する。先んじれば利益は大きく、ＥＵは着々と覇権を握ろうとしているが、日本にも挽回のチャンスはある。

1 Economist Intelligence Unit.（2022年3月30日）. Russia can count on support from many developing countries.
参照先: https://www.eiu.com/n/russia-can-count-on-support-from-many-developing-countries/

2 Switzerland Times.（2023年1月14日）. Snowmaking is something like a guarantee of survival.
参照先: https://switzerlandtimes.ch/news/snowmaking-is-something-like-a-guarantee-of-survival/

3 Copernicus Climate Change Service (C3S).（2023年1月9日）. 2022 saw record temperatures in Europe and across the world.
参照先: https://climate.copernicus.eu/2022-saw-record-temperatures-europe-and-across-world

4 Intergovernmental Panel on Climate Change.（2023年3月）. AR6 Synthesis Report: Climate Change 2023.
参照先: https://www.ipcc.ch/report/sixth-assessment-report-cycle/

5 J. Rockström et al.（2009年1月15日）. Planetary Boundaries: Exploring the Safe Operating Space for Humanity. Ecology and Society, 14（2）.
参照先: https://www.stockholmresilience.org/download/18.8615c78125078c8d3380002197/ES-2009-3180.pdf

6 Stockholm Resilience Centre.（2022）. Planetary boundaries.
参照先: https://www.stockholmresilience.org/research/planetary-boundaries.html

7 Paul Crutzen.（2002年1月3日）. Geology of mankind.
参照先: https://www.nature.com/articles/415023a

8 Xue Gong.（2023年3月3日）. The Belt and Road Initiative Is Still China's "Gala" but Without as Much Luster.
参照先:https://carnegieendowment.org/2023/03/03/belt-and-road-initiative-is-still-china-s-gala-but-without-as-much-luster-pub-89207

9 Georgieva, Kristalina.（2023年1月16日）. Confronting Fragmentation Where It Matters Most: Trade, Debt, and Climate Action.
参照先: https://www.imf.org/en/Blogs/Articles/2023/01/16/Confronting-fragmentation-where-it-matters-most-trade-debt-and-climate-action

10 European Commission.（2022年5月18日）. Ukraine: Commission presents plans for the Union's immediate response to address Ukraine's financing gap and the longer-term reconstruction.
参照先: https://ec.europa.eu/commission/presscorner/detail/en/IP_22_3121

11 Dave Skidmore, David Wessel, and Elijah Asdourian.（2022年11月3日）. Financing and governing the recovery, reconstruction, and modernization of Ukraine.
参照先: https://www.brookings.edu/blog/up-front/2022/11/03/financing-and-governing-the-recovery-reconstruction-and-modernization-of-ukraine/

12 外務省（２０２２年12月15日）ベトナムにおける「公正なエネルギー移行パートナーシップ（JETP）」の立ち上げに関する政治宣言について.
参照先: https://www.mofa.go.jp/mofaj/ic/ch/page1_001450.html

13 European Patent Office & International Energy Agency.（2023年1月10日）. Hydrogen patents shift towards clean technologies with Europe and Japan in the lead.
参照先: https://www.epo.org/news-events/news/2023/20230110.html

著者紹介

竹内康雄（たけうち・やすお）

日本経済新聞社政策報道ユニット経済・社会保障グループ次長。

慶應義塾大学文学部卒業、ベルギーのルーヴェンカトリック大学（KU Leuven）大学院修了（欧州研究）。2002年に日本経済新聞社入社。主に経済産業省や内閣府などを取材し、12～17年パリ支局長、19～23年にブリュッセル支局長として、欧州連合（EU）の政治・経済と、世界のエネルギー・気候変動問題を中心に執筆した。

環境覇権

欧州発、激化するパワーゲーム

2023年4月21日　1版1刷

著　者	竹内 康雄
	© Nikkei Inc., 2023
発行者	國分正哉
発　行	株式会社日経BP
	日本経済新聞出版
発　売	株式会社日経BPマーケティング
	〒105-8308　東京都港区虎ノ門4-3-12
ブックデザイン	野網雄太
本文組版	朝日メディアインターナショナル
印刷・製本	中央精版印刷

ISBN978-4-296-11596-9 Printed in Japan

本書籍に関するお問い合わせ，ご連絡は下記にて承ります。
https://nkbp.jp/booksQA